值得玩味的職場生存哲學

Survive in the Workplace

潘瑋裕◎編著

職場的現實讓許多人感到挫折，但總有更多人似乎完全不受影響，關鍵就在其中的生存哲學。

職場可以很有人情味，也可以很現實。

不懂職場哲學的人，不是外行就是賭徒。

外行人總是抱怨底牌不夠；

賭徒則心存僥倖一時風光。

最終兩者盡皆血本無歸。

唯有懂得生存哲學的人，才能更加悠然自得。

贏家：16

值得玩味的職場生存哲學

編著　潘瑋裕
出版者　大拓文化事業有限公司
執行編輯　林美娟
美術編輯　林子凌

總經銷　永續圖書有限公司
劃撥帳號　18669219
地址　22103　新北市汐止區大同路三段一九四號九樓之一
TEL　(〇二)八六四七—三六六三
FAX　(〇二)八六四七—三六六〇
E-mail　yungjiuh@ms45.hinet.net
網址　www.foreverbooks.com.tw

CVS代理　美璟文化有限公司
TEL　(〇二)二七二三—九九六八
FAX　(〇二)二七二三—九六六八

法律顧問　方圓法律事務所　涂成樞律師

出版日◇二〇一三年十一月

國家圖書館出版品預行編目資料

值得玩味的職場生存哲學 / 潘瑋裕編著. -- 初版.
-- 新北市 : 大拓文化, 民102.11
面 ;　公分. -- (贏家 ; 16)
ISBN 978-986-5886-44-8(平裝)
1.職場成功法
494.35　　102018717

前言

職場就像一場生存遊戲，一旦踏入職場，每個人都是其中一個玩家。遊戲規則沒有對與錯，只有違反與遵守。致勝關鍵在於，你能夠比人多想幾步？

其實只要懂得職場的生存哲學，要生存不難。與同事交往，越是關係好的，越要按規矩來，以免因爲公私不分鬧出問題；與團隊合作，你可以在「同流」的情況下，選擇不「合污」；面對承諾時，拒絕成爲言語的巨人，行動的矮子；處理事情時，必須打破慣性思維的制約，不要做經驗的奴隸。

職場可以有人情味，也可以很現實。但無論如何，只要在強勢之下，就沒有所謂「角力」，只有「服從」。畢竟強勢一方才是規則的制定者，所以在強者面前，永遠不要正面交鋒，而要學會順勢而下，韜光養晦，等待機會，以弱勝強。除此之外，還要善於利用強者的力量，成就自己的風景。所以在職場中，表面上看起來不怕吃虧的「笨蛋」，其實才是真正聰明的人。

懂得職場生存法則，面對人生或是職場，將更加悠然自得。而不懂生存哲學的玩家，終究只有被遊戲玩的份。

競爭和合作間的模糊界線

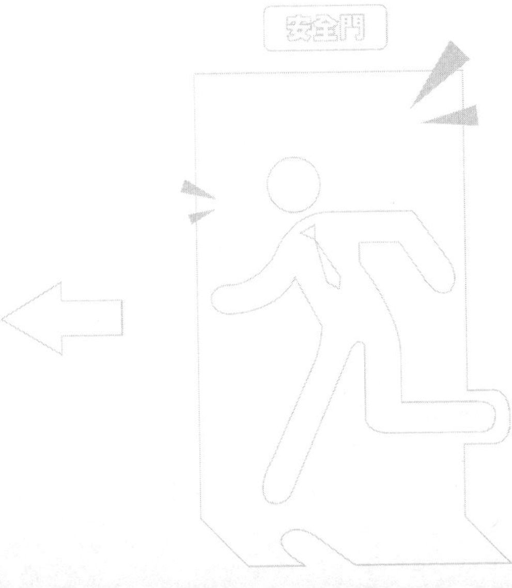
安全門

Chapter. 02

看似折了兵，其實佔便宜

Chapter. 03

表面是公義，心裡是生意

Chapter. 04

化解僵局，主動出擊掌握談判權益

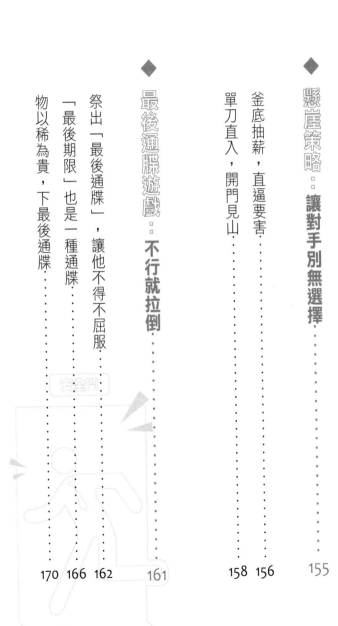

Chapter. 05

玩轉辦公室政治，不做職場傀儡

值得玩味的

Survive in the Workplace

職場生存哲學

Chapter.

01

競爭和
合作間的
模糊界線

◆借力使力：聯合各方神聖，成就多贏策略

許多人在努力的過程中，總是抱怨缺乏資金或人力不足，無法獲得可助自己成功的資源。按照常理，這樣的說法雖然沒有錯，但是在現實社會裡，確實有不少成功者在資金短缺的情況下，不僅自己賺得飽飽的，還同時爲別人帶來利益，實現多贏策略。他們靠的就是「藉力使力」的智慧。

到底該怎麼「藉力使力」呢？

用科學的語言來描述，就是利用獨特的創意、精心的策劃、完美的操作、確實的執行，在法律和道德規範之內，巧借各方人力、物力、財力，來獲取成功的運作模式。

這個時代是急需藉力使力的時代，也是藉力使力的大師們出頭的時代。這些人，在各自通往成功的路上，總能發明許多藉力使力的絕招。

聯合蝦米，吃掉大魚

「大魚吃小魚，小魚吃蝦米」，這是殘酷現實中的競爭法則。想在社會上站穩腳步並擊敗對手，有時僅靠自己的力量絕對不夠。在這種情況下，不妨尋找可聯合的「蝦米」，一起去吃掉想吃的「大魚」，這樣效率往往更高。

千萬不要輕視微小力量的集合。「日本聯合超市」，是一家以中小型超市共同進貨爲宗旨而設立的公司。只要研究過其驚人成果，相信再也沒有人敢輕視小蝦米。

一九七三年的石油危機之前，總公司設於東京新宿區的食品超市董事長——堀內寬二大聲呼籲：「中小型超市想跟大規模的超市對抗並且生存下去，唯一途徑就是團結。」可是，當時只得到大約十家中小型超市的回應，總營業額不過數十億日元而已。

到了一九八二年二月底，聯合超市集團的聯盟企業有一百四十五家，加盟店的總數有一千六百七十六家，總銷售額兩千七百五十億日元。接下來，加盟的企業總數就一路持續增加，同時加盟店的總數也一路來到三千家……

而今，日本聯合超市的加盟企業，從北海道到沖繩縣總共有兩百五十五家，店鋪數達到三千間，總銷售額高達四千七百一十六億日元，遙遙領先伊藤賀譯堂和西友等大型連鎖超市。

直到今日，在日本全國都可以看到聯合超市的綠色廣告招牌。由一位微不足道的超市經營者——堀內寬二，憑藉著中小型超市不團結就無法生存的信念，而草創成立的聯合超市，竟能發展到今天這麼龐大的陣容，恐怕當年連他本人也沒有料想到。

堀內寬二把同行的弱者團結起來，造就了今天非凡的成功。有句成語說：「眾志成城」。意思就是，透過聯合的力量，來實現個人力量所不能實現的目標。很多小企業、小公司，在激烈的競爭環境中，被衝撞得東倒西歪，飄飄搖搖，雖然也有頑強的生命力，但終難形成氣候。

我們身為職場工作者，也要懂得聯合的功效。在自身還不夠強大的時候，想在競爭環境中站穩腳跟，就必須聯合一切可以合作的力量，達成統一戰線，共同出擊。以群蟻啃象之勢，迎接各種挑戰。

有家礦業公司因長年虧損，在一九八三年改換經營方針，以非金屬礦的開發與經營為主，開採出來的優質矽灰石全部銷往日本與韓國，從此業績蒸蒸日上了好幾年。

據稱，當時日本商人將礦石買上船，直接在海上加工成為立德粉或鈦白粉（都是化工用途的白色顏料），再運往上海、天津等地。

後來這家礦業公司於一九九〇年從日本引進加工生產線，掌握了生產立德粉和鈦白粉的技術，並從一九九二年起，開始生產建築塗料。不料從一九九三年開始，他們所產的矽灰石滯銷，塗料市場下滑，導致公司嚴重虧損。一九九七年，宣佈破產，原來的各分廠，被拆解成單獨的小公司，分別賣給不同的買主。

到了一九九九年，日商再次光顧，與其中一個小公司老闆商議購買兩百萬噸矽灰石粉。可是，規模不同以往的小公司，根本不可能在一年半的時間內達成合約所要求的目標。眼睜睜看著煮熟的鴨子就要飛了，就在日商即將離開之際，這家小公司的老闆郝先生狠下心，與日商簽了合約。

郝先生心裡清楚，如果不能按期交貨，日商的索賠將會讓他傾家蕩產，弄不好還得去坐牢。但到了嘴邊的肥肉，總不能不吃吧。

郝先生拿著合約，找了原先各家小公司的經營者一起開會，認真研究一起分這塊大餅的可能性。

在完成任務及利益分配之後，九家公司立刻動了起來。在他們的緊密聯合之下，果然在一年半的時間內按時完成了任務。

這個故事印證了蝦米只要聯合起來，也能吞掉大魚的事實。因此在現實生活中，當你覺得僅憑一己之力難以應付對手時，就可以採取這種辦法，找到可以借力的夥伴，聯合起來贏過對手。就像一根筷子容易折斷，但只要很多根筷子捆成一捆，就不易折斷的道理，這種小力量的集合，終歸都能帶來更大的收穫。

選擇互補的搭檔，取人之長補己之短

職場中難免會遇到有利益之爭的競爭對手。這時候，聰明人就會想辦法會找一個處境相同的夥伴聯合起來，與競爭對手相抗衡。

但首先要考慮的是，合作夥伴能否彌補自己的劣勢，因爲只有各方面互補的搭檔，才能借他人之力，直擊對手要害。

可口可樂和百事可樂兩家公司，在一般消費者看來，大概是飲料市場上水火不容的對手。事實上，兩家公司的競爭亦可謂你死我活，似乎彼此都希望對方忽然發生重大變故，而把市場佔有率拱手相讓。但是多年來，兩家公司不僅都賺得飽飽的，也從來沒有因為競爭導致第三者異軍突起的情況發生。

其實認真分析一下，就會發現這兩家飲料市場的龍頭老大，根本是處在攻守同盟的局面，是一種亦敵亦友的競爭合作關係。他們真正的目標是消費者，以及那些虎視眈眈的後起之秀。只要有企業想進入碳酸飲料市場，他們就立刻心照不宣地展開攻勢，讓挑戰者知難而退，甚至一敗塗地。

可口可樂和百事可樂之間當然必須存在競爭，但防止其他飲料公司異軍突起，同時也是他們的共同目標。他們明白兩強聯合將會更強，而弱者聯手，就有機會翻身的道理。所以只要聯手壟斷整個飲料市場，生存處境就會更好。

如果你是一滴水，只有融入大海之中才不會乾涸；如果你是一隻大雁，只有與雁群一同行動，才能飛到目的地；如果你是一棵樹，只有在大森林裡才能卓越成長。人無完人，找到能與自己並肩作戰的搭檔，用他們的長處補足自己的短處，將會使你的成功之路更加順暢。

不過，選擇搭檔不能憑感覺，也不能抱著試試看的心理，必須要有端正的態度和正確的認識，更必須從多方面來考慮自己、審視自己，同時也必須對搭檔和自己的切身利益做出周密的思考。

選擇合適的搭檔，大家彼此互補，就能夠促進團隊合作順利進行，提高雙方的工作成效。這一點，從團隊高層的合作就可以得知。一般來說，每個單位的最高長官周圍都有幾位得力部屬，佔據各重要部門的位置。仔細觀察就會發現，凡是部屬和長官性格相似、趣味相投的，團隊中出現問題的機率就比較高；而凡是性格互補的，團隊則相對健康。因爲性格互補才能互相搭配，也才能達到最有效的管理。

很多人認爲，找到彼此互補的拍檔確實困難，甚至是危險的。因爲這樣的對象，想法與自己不同，很可能得花上一整天與對方辯論，只爲了說服對方，這樣多累。有時候對方的見解的確比較好，但自己卻感覺很不服。甚至有些人會把彼此的不同見解提升到另一個層次。於是，輕則分道揚鑣，重則互相排擠，彼此打擊。

所以在尋找互補的搭檔時，首先就是要勇於突破上述這種擔憂。想想看，如果搭檔和自己一樣，那麼只要你自己一個人就夠了，何必分兩個腦袋？搭檔存在的意義是什麼？

懂得這樣想，才是真正做大事的心態，人生也就成功了一半。儘管在接觸和磨合的過程中，個性不同的兩人會經常出現摩擦。但就是因爲不同思維的撞擊，因爲這樣的摩擦，才會產生更新更好的火花。這樣的結果，對雙方的成長和彼此的發展都有利。

一個感性的人在鼓動，一個理性的人在執行。一個外向的人在激勵，一個內向的人在操作。一個人在思考，一個人在實踐。這才是完美的組合，才是企業成長的必備過程。

古人說：一陰一陽謂之道，其實合作之道也是如此。

可有可無的人，隨時可能被替代

有一位企業家這樣說：當你比別人強一點點時，別人會嫉妒你；當你比別人強一截時，別人就會羨慕你；當你比別人強一大段時，別人就會向你看齊。就好比微軟這樣一流的企業，每一項策略後來都被奉爲業界的標準。這就充分說明，如果你想擁有核心競爭力，就要超出別人很多，或者，你必須比別人撐得更久。

但是，該怎麼做才能儘快成爲專家呢？

首先，你應該選定最適合你、最能將你的優勢表露出來的行業。你可以根據所學的專業來進行選擇。當然，在很多情況下，你也許沒有機會學以致用，畢竟「學非所用」的情況很常見，但這並不妨礙你成爲行業中的佼佼者。所以，與其根據所學來選，不如根據興趣來定。但必須注意的是，一旦選定了某個行業，最好要專注下去，這比不停轉行好多了。每一個行業都有苦和樂，所以你不必想得太多，重點是要把精力放在工作上。

行業選定後，接下來就應該像海綿一樣，廣泛地攝取、拼命地吸收行業中各種知識。你可以向同事、主管、前輩請教，並且不要總是把薪水待遇等問題放在第一位考慮，因爲你還不具備這種資格。要把最初的工作經歷當做學習的機會。除了向同行請教以外，還可以搜集各種資訊，從多元的管道獲得相關知識。如果時間允許，也可以參加專業進修班、講座、研討會等，都是不錯的選擇。也就是說，你應該打定主意，專注在你所從事的行業中，謀求全方位、深層次的發展，而不是得過且過地混日子。

你可以把學習過程分成幾個階段，並限定在一定的時間內完成定量的學習。這是一種壓迫式的學習方法，可以逼迫自己進步，也可以改變惰性、訓練意志。當然，你不必急於「功成名就」，但一段時間之後，假若學有所成，你便可以開始展示學習的成果，並在工作中表現出來，以引起他人的注意。當你成爲專家後，身份必會水漲船高，所以也用不著自抬身價。這便是你「賺大錢」的基本條件。你或許不一定能當老闆，但有了「專家」的身份，人人都會敬重你，這時你的地位便不可動搖了。

這裡有些建議，可以幫助你成爲專家：

一、不要吝惜投資自己

至少用掉百分之三的收入去購買各種書籍和雜誌，其中也包括學術刊物。你應該爲了培養自己的能力而投資，儘管成千上萬的人都在沒有受過正規教育卻遇上極好機遇的情況下，攀登上成功的頂峰。但他們的成功也是因爲堅定的信心和良好的人格特質，並且付出了極大的努力。

二、堅持每天閱讀

每天閱讀一小時，意味著每兩周讀完一本書。這樣一來，每年讀完二十五本，十年讀完兩百五十本書，這個數字是相當驚人的。在現今全世界每人平均每年看專業書籍不到一本的情況下，你每年閱讀專業書籍二十五本，當然有助於提高專業水準，這不僅能使你成爲眾多競爭者中的佼佼者，還可以改善經濟狀況並提高生產力。記住，你頭腦中裝載的所有知識，就是用來塑造今天的你。

三、不浪費所有可利用的時間

一個人每天往返於工作地點和自己的家，一年中平均就有五百小時至一千小時在通勤過程中被浪費掉了。其實你完全可以利用這些零散的時間來增進自己，比如聽聽有聲書，看看袖珍英語詞典等等。有人計算過，如果能夠充分利用這段時間，效果相當於在大學裡進修兩個學期。有很多偉大的成功者都能巧妙利用零散時間，讓自己在不知不覺中比別人高出一籌。

總之，只有那些永不自滿、永遠追求資訊與知識的人，才能真正專精，才能成爲無法替代的人。

積極學習，擁有走到哪裡都有飯吃的「鐵飯碗」

學習是一個人對自己最重要的投資。一個好文憑也許能幫助你找一份工作，但它只代表你過去的成績，並不代表將來在工作中也會有同樣的成就。所以，工作其實只是另一個學習的開始。也許在短時間內，你並不能體會到學習的益處，但時間的威力是巨大的，能在工作中學習，並堅持下去的人，要比那些毫無目標的人過得充實許多，進步也更快。

在小薇的職場生涯中，學習一直是重要的一環，特別是升任資深行政人事專員以後。

小薇先是跟著上司學習招聘，別的主管興致一來，也會教她兩招。她總是心悅誠服，一邊點頭，一面仔細地做筆記，很多長官看到小薇如饑似渴的模樣，也很高興。後來，小薇特地報名專業進修班，專門針對人員招聘進行全面性的進修。在實務經驗的搭配下，小薇進步神速。

正是這種學習精神，讓小薇在公司裡的地位越來越穩。其實，任何一個人只要擁有了別人不可替代或無法超越的能力，地位就會變得十分穩固。所以，只有不斷的學習與充實自己，讓自己無可替代，才能在職場上立於不敗之地。而終身學習的精神，也是現代企業用人時非常看重的一點。

在文藝復興時期，畫家能否出人頭地，取決於能否找到好的贊助人。米開朗基羅的贊助人就是當時的教皇。在一次修建大理石碑的過程中，兩人意見出現了分歧。他們激烈地爭吵起來，米開朗基羅一怒之下，揚言要離開羅馬。

大家都認為教皇一定會怪罪米開朗基羅，但事實恰恰相反，教皇非但沒有懲罰他，還極力請求他留下來。因為他很清楚米開朗基羅一定能夠找到新的贊助人，而他卻永遠無法找到另一位米開朗基羅。

米開朗基羅身爲藝術家，其卓越的才華就是他手裡的王牌。只要具有不可替代性就可以讓自己的地位堅不可摧。其實，任何一個人只要擁有別人不可替代或無法超越的能力，地位就可以十分穩固。只要一切都在自己的掌控之中，就能在社會上站穩腳跟，到哪裡都能有飯吃。

在職場上，沒有永遠的工作，如果你的進步跟不上工作所需，那麼就會成爲一個可有可無的人。因此，身爲職場工作者，如果想避免遭到淘汰，讓自己獲得更好的發展，就要努力提升自己的專業技能，使自己成爲一個不可或缺的人。

公司需要的永遠是更優秀的員工。所以你必須持續不斷地成長，讓自己變得更優秀，否則就不可能在某個專業領域裡一直保持領先地位。俗話說：「台上一分鐘，台下十年功。」想獲得成功，就必須加倍努力，而且要比別人更努力。不平凡的過程，才會產生不平凡的結果。

李嘉誠雖然年事已高，但依舊精神矍鑠，每天照常到辦公室工作，從來不曾有半點懈怠。他晚上睡覺前一定會看半小時的書，瞭解各種尖端思想和科學技術。據他自己稱，除了小說，文、史、哲學、科技、經濟方面的書他都讀，每天都要學一點東西。這是他幾十年來養成的習慣。

李嘉誠回憶說：「年輕時我表面上看起來謙虛，其實內心很『驕傲』。為什麼驕傲呢？因為當同事們去玩的時候，我在求學問。他們每天保持原狀，而我的學問日漸增長。這一點可說是我一生中最為重要的事。我現在僅有的一點學問，都是在父親去世後那段相對清閒的時間內，每天堅持學一點東西得來的。當時公司的事情比較少，其他同事都愛聚在一起打麻將，而我則捧著一本《辭海》、一本教科書自修。書看完了賣掉再買新書，每天都堅持學一點東西。」

對每一個職場工作者來說，學習能力和你能在這家公司走多遠、做多久，具有一定程度的決定性。因爲任何工作都需要經過學習，才能得到改進或者創新。當一個人沒有從外界學習新東西的能力或者興趣時；當一個人不願意或者沒時間思考時；當一個人排斥創新時，他的進步與成長也就停止了。

美國作家威廉・福克納說過：「不要竭盡全力去和同僚競爭。你更應該在乎的是：要比現在的自己更強。」前谷歌大中華區總裁李開復也說過：「山外有山，天外有天。在二十一世紀，競爭已經沒有疆界，你應該放開思想，站在一個更高的起點，給自己設定更具挑戰性的目標，才會有更準確的努力方向和廣闊的前景，切不可做『井底之蛙』。」這些名言警句，都是在提醒我們，只有不斷地學習才能得到更好的發展。

◆華盛頓合作定律：

要得到利益，先主動伸出自己的手

華盛頓合作定律的意思是說：一個人敷衍了事，兩個人互相推諉，三個人則永無成事之日。合作要得到成效，就必須具有合作精神，並且勇於自我犧牲。人與人的合作，並不只是簡單的人力相加，而會更加複雜微妙得多。

假定每個人的能力都是一，那麼十個人合作的結果，可以比十大得多，也可能比一還小。因為人不是靜止的，而是方向各異的能量。合力推動時，自然事半功倍；相互衝突時，則一事無成。

在傳統企業中，大多數的管理制度和行為都是為了減少人力的無畏消耗，而並非藉著管理制度來提高人的工作效能。換言之，管理的主要目的並不是要每個人都做到最好，而是要避免過多的內耗。

牽起手，撫平單飛的痛

我們生活在一個充滿競爭的時代，生存似乎變得越來越艱難，然而正是如此，才更需要與人合作。能夠運用合作法則的人，才能夠生存得最久，而且這個法則適用於任何動物、任何領域。

最有效的合作模式，可以提高效率，降低成本並且提高雙方的競爭力，取得利益的最佳化。單獨一人的才能和力量總是有限的，唯有合作才能最省時省力，以最高效率完成複雜的工作。沒有他人的協助與合作，任何人都不可能永遠穩坐成功寶座。

李育峰是一個研究生，早在實習時就到過花旗銀行工作三個月。所以進入現在這家公司時，他頗有自信能夠獨當一面。但最近，才華出眾的他，正式工作還不滿一個月就開始想打退堂鼓了。

事情是這樣的：主管安排幾個專案，本來屬意讓李育峰和幾個同事一起做。因為那幾個同事都是今年剛到職的新人，工作經驗相當不足。李育峰認為他們不僅幫不了什麼忙，反而礙手礙腳，影響自己的工作進度。於是向主管請示，希望能自己單獨完成專案，主管點頭答應了。

經過一個多月的努力，終於攻克難關，李育峰將專案完成了。他的能力當然不容置疑。長官知道他的能幹，也很器重，將許多專案交給李育峰做。在同事眼裡，李育峰成了紅人，可是因為他實在太過自傲，不願與同事們合作，大家開始與他保持距離。

前一段時間，長官要李育峰做一份與公司產品有關的市場拓展方案。他自認為對市場行情非常瞭解，既能夠把握市場的趨勢，又有強大的技術背景，企劃一個方案有什麼難？但就是這個方案，讓李育峰著實體驗了一番人情冷暖。他花了整整一個星期時間細斟慢酌，好不容易弄出一個企劃案來。

熟知案子上呈後，經理卻認為方案缺少了當地所需的特色，群眾感染力也不強。很多同事也認為李育峰的想法過於理想化，沒有執行性。總之，他的想法被徹底地否決了。

此後，公司便要他跟市場部及研發部幾位資深員工一起合作將方案優化。他拿著方案去請教同仁時，他們不是敷衍就是推託沒有時間，再不然就是說他們對這個方案不瞭解。李育峰非常困惑，不知道自己是什麼時候得罪了他們。直到有個同事陰陽怪氣地跟他說：「你不是很能幹嗎？做專案的時候就要求一個人做，現在怎麼又想要別人幫你呢？」李育峰這才明白大家為什麼對自己這麼冷漠，根本不願意合作的原因。此後，李育峰只要一接觸到同事，就很明顯感覺到他們的不友好，甚至是敵意。李育峰開始儘量避免跟別人因為工作發生接觸，因為一旦有求於他們，肯定沒有好臉色看，或者乾脆被拒之於千里之外，根本不提供一點幫助。

在工作場合裡，是單打獨鬥好？還是與人合作好？這應該不是個很難回答的問題，但仍有許多人屢屢在這個問題上觸礁，也常因爲這個問題沒有處理好而遭到同事的孤立，導致心情沉重。

李育峰當然是個能夠獨當一面的人才，但他不可能同時兼任若干職位，並且出色地完成任務。身爲員工，具備出眾的能力固然是很強的競爭力，但這並不意味著能力超群就能單打獨鬥。從今日職場的發展趨勢來說，分工合作是必然的結果，只有這樣才能完整的利用到每個人的才能，將工作做得更好。

在職場上要獲得更好的發展，得到自己想要的，就必須學會與同仁合作。合作需要主動拿出誠意，以情動人，才能贏得同事的信任與好感，達到合作愉快，使利益最佳化。

主動多付出一點又何妨

隨著知識經濟時代的到來，各種技術不斷推陳出新，競爭日趨緊張激烈，市場需求越來越多樣化，使職場工作者所面臨的情況和環境極其複雜。在多數情況下，單靠個人能力已經很難完全處理各種錯綜複雜的資訊，或是執行高效率的行動，而需要組織成員之間進一步相互依賴、共同合作。

在與別人共同合作時，儘管彼此有分工，但最好還是不要斤斤計較誰做得多還是少，否則就會變成相互推諉，應付了事，工作效率也跟著大大降低。如果能夠不問得失，主動多做一點，那麼合作將能更加順利愉快。

在「雁陣」裡有一個非常有趣的現象，那就是擔任領隊的大雁並不固定，領頭雁一旦飛累了，就會有另一隻大雁「挺身而出」接替牠的位置，讓原來的大雁退到後面去休息一會兒。就這樣不停地循環往復，南來北往，在漫長的飛行中，從來沒有一隻大雁掉過隊。

大雁的行爲模式在現實中也不少見。雖然公司內部每個部門和崗位都有專屬職責，但難免總有一些突發事件無法明確地劃分出權責單位，而且這些事情往往都是比較緊急甚至重要的。如果你是一名稱職的員工，也應該從維護公司利益的角度出發，多做一點，積極處理這些事情。不要在心裡說：反正不關我的事，而且又不是沒有其他人，我爲什麼要出頭做這些吃力又不討好的事。

不要以爲老闆不給你升職加薪，你就不去做本份之外的事，更不要以爲你比別人多付出就是吃虧。其實到最後，最大的受益者還是你自己。

某商場計畫開設自己的網站。此類網站的架設，不僅需要克服大量技術上的困難，同時也要解決許多網上交易相關的非技術性問題，公司中大部分員工都無法勝任。這時老闆發愁了，要到哪裡去找既懂電腦，又懂銷售的人來負責呢？於是，這項計畫的進度一直非常緩慢。

保羅畢業於電腦系所，本來就在這家商場的資訊部工作，對商業銷售涉獵不多。但他看到老闆一籌莫展的樣子，便自告奮勇說：「我試試吧。」

老闆抱著姑且一試的態度同意了。

保羅接手之後，一邊向負責人員請教，積極學習商業銷售知識，一邊著手解決技術問題。專案進展得雖然不快，卻已逐漸穩步前進。老闆對他的信任也悄悄的增加，不斷給他更大的權力和更多的幫助。

最後，保羅完成了任務，成為該商場電子交易部門的主管。

一個簡單的故事，就足以闡釋一個人不計眼前小利，主動付出的重要性和價值。但在職場上，永遠都會有人因爲沒有意識到這個道理而栽跟斗，遭到同事們的冷眼和孤立。如果你能主動伸出自己的手，與大家互相幫助，主動多承擔一點，不僅能提高工作的效率，也可以贏得同事的信任，並且拓寬自己的職場之路。

工作的時候多承擔一點責任，將會讓你得到意想不到的結果。哪怕是自己份外的工作，只要能夠做好，也是能力的展現。當上級指派份外工作時，不妨視爲一種提高自己能力的機會，歡歡喜喜的接受。甚至有時候還可以主動請纓承擔任務，因爲這在很多時候不僅表現出了主動的工作態度，同時也會贏得上司的好感。

有一位年輕的小姐擔任成功學大師拿破崙・希爾的速記員。她的工作很簡單，除了每天記錄拿破崙・希爾口述的文字，就是替老闆拆閱、分類和回覆大部分信件。

她的薪資水平一般，但工作很用心。有一次，拿破崙・希爾口述了一條格言：「記住，你唯一的限制就是你自己腦海中所設立的那個限制。」這句話給了她很大的啟示。

從那天起，她每天用完晚餐之後，都還會回到辦公室來，主動協助拿破崙・希爾做本來不屬於她職責範圍內的工作，同時她也開始研究拿破崙・希爾的語體風格。經過一段時間的努力，她所代筆的回信讓拿破崙・希爾本人都覺得是自己的手筆，甚至有時比自己寫的還好。

拿破崙・希爾自然對她的工作非常滿意，因此當他的私人秘書辭職，需要有人來填補這個空缺時，他很自然地想到這位小姐。因為在拿破崙・希爾還未正式詢問她願不願意擔任這項職務之前，她早已經主動地承擔了秘書的工作。從此，她的薪水也一躍成為以前的四倍。

正是因爲這位年輕女士積極承擔份外的工作，才令她脫穎而出，爲後來的升職和加薪做好了準備。所以說，適當地承擔份外工作，其實是在爲自己創造機會。「自掃門前雪」的做法，雖然能避開份外工作的糾纏，但同時也會使自己痛失良機，甚至導致上司的不滿，的確得不償失。

古希臘哲學家亞里斯多德曾說：「一個生活在社會裡，卻不與其他人發生關係的人，不是動物就是神。」社會上每個人都不是獨立的存在，不管你多麼能幹，都不可能永遠不求人。爲了不要在尋求幫助時遭到冷眼，就必須在平時累積人緣，多多與人合作，相互切磋。在吸取別人經驗的同時，還能找到自身的不足。

在職場上，只要你願意跟大家合作，尊重大家的智慧，隨時徵求同事的意見，大家也就會願意跟你合作，跟你分享他們的智慧。如果你總是看不起別人，喜歡單打獨鬥，不願意跟同事交流，他們自然也會將你拒於門外。

◆ 槍手對決：坐山觀虎鬥，趴橋看水流

槍手對決就是三人對決時，A、B、C三人的命中率以每人十發子彈來看，C的命中率只有三發，B可以達到八發，A的命中率則是百分之百，也就是十發子彈都可以命中目標。

假設三人輪流互相射擊，每人依序放一槍，最多放兩槍。可對其他兩人中的一人射擊，也可對空射擊。並且假設只要被射中就一槍斃命。考慮到C水準最差，便由C第一個射擊，然後B，最後A。問C應該採取什麼策略，才能使自己的存活率最高？

答案是C選擇對空射擊。

這場遊戲的結果很有意思，A的能力最強，卻最難存活。在現實中也是這樣，生存不但取決於你的能力，更取決於你對別人的威脅程度。一般而言，能力越強的人，對別人

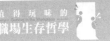

的威脅也越大，因此其他人會聯合起來對付你。個人能力並不與生存能力成絕對的正向關係。

由此可見，即使是槍手對決，在槍彈橫飛之前甚至在對決過程之中，也仍然會出現某種迴旋空間。這時候，對於尚未加入戰團的一方是相當有利的。因爲當另外兩方相爭時，第三者越是保持自己的含糊態度，其地位越是重要。當他處於這種可能介入但是尚未介入的狀態時，更能保證其優勢地位和有利結果。

這個故事的啓示是：在處理職場中的人際關係時，經常需要一種「置身事外」的藝術。學會置身事外是一種智慧，也是一種境界。當衝突很嚴重的時候，首要之務不是如何打倒對方，而是如何保護好自己，並且找到有利於自己的位置。

坐山觀虎鬥，看著熱鬧撿便宜

在槍手對決中，槍手C的優勢策略就是暫時按兵不動，因爲這樣一來，另外兩位槍手的第一槍都不會對準他。C要做的就是「坐山觀虎鬥」，靜待局勢的發展變化，再進一步採取行動。

《史記・張儀列傳》中有段話：「兩虎方且食牛，食甘必爭，鬥則大者傷、小者死；從傷而刺之，一舉必有雙虎之名。」這就是「坐山觀虎鬥」的出處。意思是在進攻之時，不妨靈活掌握敵我之間的各種利害關係，這樣才能利用最省力的方法成爲主動方。這就是槍手C的最佳策略。

東漢末期，袁紹在倉亭被曹操打敗之後，心情抑鬱，不久便因病身亡。臨死前，袁紹立幼子袁尚為繼承人，任命其為大司馬將軍。曹操這時鬥志正旺，親率大軍前來討伐袁氏兄弟，企圖一舉平定河北。曹軍以破竹之勢攻佔了黎陽，很快便兵臨冀州城下。袁尚、袁譚、袁熙、高幹等帶領四路人馬合力死守，曹操一連幾天都攻打不下。

曹操的謀士郭嘉獻計：「袁紹廢長子立幼子，兄弟之間必然會為爭奪權力相互爭鬥，各自形成勢力幫派，他們之間情況危急時還可相互救助，一旦危機解除就會彼此爭鬥。不如先舉兵南下去攻打荊州，征討劉表。等袁氏兄弟因相互爭鬥發生變故之後，再來攻打他們，就能一舉而定。」

曹操認為郭嘉言之有理，便留下賈詡鎮守黎陽，曹洪鎮守官渡，自己則率軍征討劉表去了。果然，曹操大軍一撤，長子袁譚便為爭奪繼承權與袁尚大動干戈，互相殘殺起來。袁譚打不過袁尚，派人向曹操求救。曹操乘機再次出兵北進，殺死袁譚。袁熙、袁尚則逃往遼東投奔公孫康。此時曹軍很快就佔領了冀州。

平定冀州之後，夏侯淳等人勸曹操：「遼東太守公孫康一直沒有臣服我們。現在袁熙、袁尚又去投奔他，必定會成為我們的後患。不如趁他們還沒有防備之際就去討伐，這樣就能取得遼東了。」

曹操卻笑著說：「不勞煩你們再次出兵了。幾天之後，公孫康就會把二袁的首級親自送來。」

諸將都不相信。豈知沒過幾天，公孫康果然派人將袁熙和袁尚的首級送來了。眾將大驚，都佩服曹操料事如神。

曹操大笑說：「果然不出奉孝所料（郭嘉的字為奉孝）！」原來，郭嘉在曹操的征討途中因病而死，臨死前留給曹操一封信，信中寫道：「如果聽說袁熙、袁尚去投靠遼東，主公千萬不要加兵。公孫康對袁氏早存芥蒂。現在二袁去投奔，倘若我們立刻率兵攻打，他們肯定並力迎敵；倘若慢慢地謀取，公孫康、袁氏兄弟必然會互相圖謀對方。」

原來，袁紹在世時就一直有吞併遼東之心，公孫康對袁氏家族早已恨之入骨。袁氏二兄弟既然投奔於他，公孫康當然想除掉二袁。但又擔心曹操若引軍攻打遼東，留下二人或能助己一臂之力。

於是，當袁熙、袁尚二人來到遼東，公孫康並沒有馬上相見，而是派人迅速前去探聽曹軍的動靜。當探子回報曹操並無攻打遼東之意後，公孫康當然立即將袁熙、袁尚斬首。曹操不需要一兵一卒便達到了目的。

曹操使用「隔岸觀火」之計，「坐山觀虎鬥」，以微小的代價換取了勝利。這就是曹操置身事外，坐收之漁翁之利的方式。

職場上處處有競爭。面對競爭對手，我們也應該如此，當敵方相互傾軋的氣氛越來越明顯時，反而不可急於「趁火打劫」。操之過急常常會促其形成暫時的聯合，反而增強敵方的還擊能力。

故意讓開一步，坐等敵方內部衝突發展至互相殘殺之時，就能達到削弱敵人、壯大自己的目的。

與強者正面交鋒等於自殺

春秋時代，在如今河南省境內有兩個諸侯國，一個是鄭國，一個是息國。西元前七一二年，息國向鄭國發動了戰爭。這兩個諸侯國雖然都很小，但息國的人力與物力都比不上鄭國，軍力也弱得多，這場戰爭自然以息國戰敗告終。

事後，一些有識之士認為息國在戰敗之後很快就會滅亡。他們如此判斷乃是根據息國所犯的五項錯誤：

一、不考慮自己的德行如何；

二、不估量自己的力量是否能夠取勝；

三、不與鄰近國家籠絡關係；

四、不解釋自己之所以要向鄭國進攻的原因；

五、不明辨失敗的罪過和責任歸屬。

犯了這五條錯誤之後，還想出師征伐其他國家，結果當然只有滅亡。果然，不久之後息國就被楚國攻滅了。

面對強者，如果自己的實力較弱，在此時與強者正面交鋒無異於自取滅亡。只有避開其鋒芒行事，才有勝利的機會，這也是槍手對決在策略上的啓示。

康熙親政後，決定收回大權，並準備逐步削減輔政大臣手中的權力。這個措施使得鰲拜受到了諸多限制，鰲拜與康熙帝早已存在的衝突更趨白熱化。

鰲拜在朝中勢力很大，一旦逼反鰲拜，很可能導致康熙自己皇權不保。康熙深知不能與鰲拜正面交鋒，必須得智取才行。

平時，朝中大事皆由鰲拜說了算數。他經常當著康熙的面喝斥其他大臣，而且稍不順其意，就在康熙面前大吵大鬧。康熙帝知道，再這樣任其囂張下去，早晚要鬧出亂子來。當時鰲拜提出要處死蘇克薩哈。康熙很清楚蘇克薩哈是無辜的，於是堅不允請。鰲拜竟然扯臂上前，強奏數日，直逼得康熙不得不讓步為止。

數年來，鰲拜依仗自己的權勢培植親信，剷除異己，終於將朝廷大權操於自己一人之手。他網羅親信，廣植黨羽，在朝中糾集了一股欺藐皇帝，操縱六部的勢力。輔國公班布爾善處處奉承鰲拜，在朝中利用權力擅改票簽，決定擬罪、免罪。他追隨鰲拜，結黨營私。康熙六年，他密切配合鰲拜戮殺了蘇克薩哈，並羅織蘇克薩哈二十四大罪狀。由於他幫助鰲拜剪除異己有功，而被擢為領侍衛內大臣，拜秘書院大學士。

鰲拜一門在當時更是顯赫，他的弟弟穆里瑪任滿洲都統。康熙二年被授靖西將軍，因鎮壓李來亨農民軍有功，擢為阿思哈尼哈番（意思是「副官」），威重一時。巴哈是鰲拜的另一個弟弟，在順治帝時期任議政大臣，領侍衛內大臣，其子納爾都娶順治的女兒為妻，被封和碩額附。而鰲拜的兒子納穆福，官居領侍衛內大臣，班列大學士之上。其後受襲二等公爵，加太子少師。鰲拜的侄子、姑母、親家都依仗他的職位得到高官厚祿，甚至躋身議政王大臣會議。鰲拜將自己的心腹紛紛安插在內三院和政府各部，一時間「文武各部，盡出其門下」，朝廷中形成了以鰲拜為中心的龐大勢力。康熙對此深感不安，所以他苦思剪除鰲拜的辦法，終於想出了一條計謀。

康熙八年五月十六日，鰲拜因事入奏，康熙借此良機，利用一批自己所訓練的少年衛士將他捉住，送入大獄。接著命康親王傑書等進行審問，列出主要罪狀三十款。朝廷大臣決議應將鰲拜革職、立斬，其親子兄弟亦應斬，妻並孫為奴，家產籍沒，其族人有官職及任護軍者，均應革退，各鞭一百。

康熙考慮到鰲拜是顧命輔臣，既有戰功又效力多年，不忍加誅，最後定為革職籍沒，與其子納穆福俱予終身禁錮。

後來鰲拜死在獄中，納穆福獲得釋放。鰲拜的黨羽穆里瑪、塞本特、納莫、班布爾善、阿思哈、噶褚哈、泰必圖、濟世等主要罪犯，一律處以死刑。曾經猖獗一時的鰲拜黨，至此被徹底剷除。

就連一代帝王康熙，在面對強者時，都會避開鋒芒行事。可見這是一個既能保全自己，又可以創造機會除掉對手的好方法。在與強者的對決中，一定要注意「識時務者爲俊傑」這個策略，絕對不能做出螳臂擋車的蠢事。

Chapter.

02

看似
折了兵，其實
佔便宜

◆納什均衡：大家好才是真的好

這是博弈論中的一個重要術語，以數學家約翰・納什的名字來命名。約翰・納什的故事，後來還被翻拍成好萊塢電影《美麗境界（A Beautiful Mind）》。

在一九五〇年，當時還是一名研究生的納什寫了一篇論文，題爲《非合作博弈》，該文只有薄薄的一小篇，卻徹底改變了人們對競爭和市場的看法。他證明了非合作博弈均衡的存在，並且成爲博弈論中的經典文獻。

所謂博奕理論，就是指策略性的思考模式。參與賽局的多方，各自根據環境所給予的影響來決定最適合自己的策略。當每個參賽者所選定的策略，使所有人都達到適當的結果時，就是一個「納什均衡」。

簡單來說，甲乙兩方爲競爭對手，在訊息不能互通的情況下，各自當然都想做出對自己有利的決定。所以在決策過程中，兩方都會沙盤推演。直到最後甲終於做出了決定，而這個決定並不影響乙的益處；乙也做出了決定，這個決定同樣不影響甲的益處。只要能達到這個均衡點，就稱爲「納什均衡」。

由此可見，對博奕雙方而言，所謂納什均衡就是一個相對穩定的博弈結果。在這個均衡中，每個參與其中的人，都確信不管其他人選了什麼策略，自己所選擇回應對手的策略，都是最優戰略。換句話說，所有參與其中的戰略或多或少都包含了一點犧牲或是一點合作，才能使雙方都得到最佳結果。

「合作」，在工作場合中就是一項「利己策略」。它必須符合黃金定律：「己所不欲，勿施於人」，但前提是「人所不欲，也勿施於我」。

你好我好大家好

在納什均衡中，每個人都確信自己選擇了最優戰略以回應對手。也就是說，在這場博弈中，所有人的戰略都是最好最有效的，也就是形成「你好我好大家好」的局面。

傑克和吉姆結伴徒步旅遊。到了中午的時候，傑克和吉姆準備吃午餐。傑克帶了三塊餅，吉姆帶了五塊餅。這時有一個路人經過，路人也餓了，傑克和吉姆便邀請他一起吃飯，路人接受了邀請。傑克、吉姆和路人將八塊餅全部吃完。吃完飯後，路人為表示感謝，給了他們八個金幣之後，繼續趕路去了。這時，傑克和吉姆為了這八個金幣的分配展開爭執。

吉姆說：「我帶了五塊餅，理應我得五個金幣，你得三個金幣。」

傑克不同意：「既然我們是一起吃這八塊餅的，理應平分這八個金幣。」傑克堅持認為每人各四塊金幣。為此，傑克找來村長進行公正裁決。

村長說：「孩子，吉姆給你三個金幣，因為你們是朋友，你應該接受；如果你要公正的話，那麼我告訴你，公正的分法是，你應當得到一個金幣，而你的朋友吉姆應當得到七個金幣。」

傑克不理解。

村長繼續說：「是這樣的，孩子。你們三人吃了八塊餅。其中，你帶了三塊餅，吉姆帶了五塊，一共是八塊。你吃了其中的三分之一，即三分之八塊，路人吃了你帶的餅中的三減三分之八等於三分之一；你的朋友吉姆也吃了三分之八，路人吃了他帶的餅中的五減三分之八等於三分之七。所以，路人所吃的三分之八塊餅中，有你的三分之一塊，和吉姆的三分之七塊。所以公正的裁決是：你只能得一塊金幣。經村長這樣一說，傑克便不再嚷著要多分金幣了。最後傑克與吉姆達成協議，傑克只拿了三個金幣。

這樣的方法符合納什均衡的原則，經過博弈，雙方的選擇達到「納什均衡」。因爲在傑克仔細思考之下，拿三個金幣對自己而言才是最好的選擇；同樣吉姆也拿了自己想拿的五個金幣。這是對雙方都好的最佳選擇。

《紅樓夢》裡面形容四大家族時過一句話：「一榮俱榮，一損皆損」。這是因爲四個家族互相糾葛，牽一髮而動全身，他們彼此都知道其他人的策略，並且彼此合作的策略，也都是自己選擇的。所以紅樓夢裡四大家族結爲一體，從不會發生不知道對方策略的困境，而且每次的選擇都恰好是「納什均衡」。比如：薛蟠打死人後，賈府選擇庇護，賈家與薛家的選擇，就是一個「納什均衡。」

「納什均衡」是一種非合作博弈均衡，畢竟在現實環境中，非合作的情況要比合作的情況要普遍得多。另外必須特別提出來的是，所謂「納什均衡」還有許許多多的變化，均衡點未必是唯一的。

有時先行者優勢關乎一生命運

關於納什均衡，表面上看起來是「你中有我、我中有你」的穩定策略，但有時候，搶先站到優勢的策略，可能關乎一生命運。

春秋末年，霸主局面近於尾聲，歷史逐漸進入七雄競爭的戰國時代。原本在春秋時期大小諸侯國有一百數十個，後經不斷兼併，小國漸被消滅。到了戰國初期，大小國家只餘下二十來個，其中又以韓、趙、魏、楚、燕、齊、秦最為強大，號稱「戰國七雄」。燕、楚、秦是從春秋時代延續下來的國家；韓、趙、魏則是瓜分晉國而形成；而這時的齊國，大權亦旁落，漸為卿大夫田氏掌控。

話說春秋初年，陳國發生內亂，陳國公子陳完投奔齊，被任命為工正。這是陳國田氏立足於齊的開始。接下來相當長的時間內，田氏與公室關係非常密切。後來，由於齊國奴隸和平民反對奴隸主以及公室的鬥爭愈演愈烈，舊制度的崩潰和公室的滅亡已成必然。

田氏順應形勢發展，逐漸背離公室。

代表新興勢力的田氏家族，採用施恩授惠的手段，與公室展開爭奪民心的鬥爭。可是齊國的舊勢力並不甘心退出，以田氏為首的新興勢力不得不以暴力手段對舊勢力展開猛烈的進攻，於是出現了三次大規模的武裝鬥爭。

西元前五四五年，田氏曾孫聯合鮑氏以及大族欒氏、高氏合力滅了當時主掌齊國的慶氏。後來田氏、鮑氏又共滅欒、高二氏。田氏後裔田桓子，繼而討好公族與國人，實施一系列的福祿措施，得到了所有人的支持。

等到齊景公時，公室日益腐化，剝削日益嚴重。田桓子之子田僖子，採取了一些爭取民心的有效措施。他用大鬥借出，小鬥回收（鬥是指量具。當時田家自製的量具較通行量具容量更大，借出糧食時便以自家量具來量，回收糧食時以通行量具。換句話說就是借多還少，藉以籠絡人心。）於是「齊之民歸之如流水」，增強了田氏的勢力。後來他與齊國舊有貴族國惠子、高昭子產生了嚴重的衝突，當時國、高二氏當權，田氏在表面上盡忠於齊國公族，「偽事高、國者」，暗地裡卻開始集結力量，準備推翻國、高二氏。

西元前四八九年，齊景公死，田氏發動政變掌握了齊國政權。同時，田氏還採取了一些利民政策，使民心歸附田氏。重斂於民的「公室」，終於逐漸被掏空了。

田乞死後，其子田恆（田常）代立為齊相，是為田成子。田成子繼續採用田僖子所制定的政策，用大鬥出、小鬥進的辦法，大力爭取民眾支持。

田氏暗地籠絡百姓的辦法，獲得了極好的成果。當時流傳的民謠便唱道：「嫗乎采芑，歸乎田成子。」田氏的做法，如果只是贏得民心，而沒有一定政治軍事實力的話，最終也只是竹籃子打水一場空。所以，這種大鬥出、小鬥進「補貼平民」的辦法，完全是拼了老本來累積政治資源，是一場賭博。

西元前四八一年，田成子發動武裝政變，在民眾的支持下，以武力戰勝齊簡公。齊簡公出逃，後被殺死。此後，田氏就成了齊國的國君。

故事中，田氏與齊國國君之間的對決，就是「納什均衡」的博奕原則。田氏正是採用了搶占優勢的策略，終於贏得齊國天下。在這裡，田氏與齊國相比，他們的優勢就是得民心。雖然田氏的做法可說是一場賭注很大的賭博，但是「得民心者得天下」，田氏要的正是這個優勢，並把優勢發揮到最大。

當然，我們要永遠搶占先行者優勢並不容易，這需要縝密的分析。既要關注對手，也要關注周圍的大環境。如果僅僅是一次簡單的對弈，輸贏自然無所謂。但有時候一個選擇就可能關乎一生命運，如果不保持先行者優勢，將可能一敗塗地，從此再沒機會。所以「只許成功，不許失敗」，這就像是一場必須要贏的賭博，本錢可能是你的一切，輸了就會傾家蕩產。

這時還有另一種方法可以實現均衡，那就是雙方進行協調。兩隻鬥雞可以相互協調雙方的行走路線，避開狹路相逢的對戰困境。

舉個常見的例子：兩個駕著馬車的人之所以相撞，往往是因爲不知道對方會不會躲？或是會往哪邊躲？在不知該如何反應的情況下，最後才會撞在一起。馬車相撞麻煩不算大，如果換成摩托車、汽車，就可能出現傷亡了。所以，如果大家願意在事前做好協調，每個人都靠右行駛，這樣就可以在人群間形成一個均衡，類似的鬥雞困境就會自然而然破解了。

當然，靠右行駛也只是眾多均衡中的一個，規定靠左行駛的國家也不少。不論是「靠右走」還是「靠左走」，都是一種博弈的納什均衡。

納什均衡的概念並沒有告訴我們哪一個決定更好。一場博弈若可以有多個納什均衡，所有參與者就必須達成共識，否則就會導致困境。

海上航行也是同樣的道理。儘管大海遼闊，但航線卻是固定的，因此船隻交會的機會很多。這些船隻各自屬於不同的國家，如何解決誰進誰退的問題呢？先來看一個小笑話：

一艘軍艦在夜航時，艦長發現前方航線上出現燈光。於是馬上呼叫：「對面船隻，右轉三十度。」

對方回答：「請對面船隻左轉三十度。」

「我是美國海軍上校，右轉三十度。」

「我是加拿大海軍二等兵，請左轉三十度。」

艦長生氣了：「聽著，我是『萊克星頓』號戰艦艦長，右轉三十度！」

「我是燈塔管理員，請左轉三十度。」

就算你官階、艦船再大，燈塔也不會讓路。那麼，如果兩船相遇，又如何決定呢？誰先讓當然不能等事到臨頭才談判，更不是由官階高的說了算。海上避讓也有許多類似「靠右走」這樣不容談判的規矩：迎面交會的船舶，必須各向右偏；十字交錯的船舶，則規定看見對方左舷的那艘船要讓，不管是慢下來，或者偏右都可以。這就是從制度上規定避讓的方式。

十字交錯時如何避免碰撞的規矩，就是一場博弈可以有多個納什均衡的實例。兩方所必須達成的共識，就是海上的「交通規矩」。究竟哪一個納什均衡會真正發生，端看兩船航行的相互位置。如果甲看見乙的左舷，甲要讓乙原速直走；如果乙看見甲的左舷，乙就要讓甲原速直走。協調出來的共識，避免了兩者可能產生對抗的難題。

競爭的最高境界不是你死我活，而是你好我也好，大家都能夠達到「雙贏」的結果，何樂而不爲？

◆獵鹿博弈：以懲罰措施來保障有效合作

獵鹿博弈源自啓蒙思想家盧梭的著作《論人類不平等的起源和基礎》其中的一個故事。

村莊裡住著兩個獵人，當地的獵物主要有鹿和兔子兩種。如果一個獵人單身作戰，一天最多只能打到四隻兔子。只有兩個一起去才能獵獲一隻鹿。從填飽肚子的角度來說，四隻兔子能保證一個人四天不挨餓，而一隻鹿卻能讓兩個人吃上十天。以納什均衡理論來看，兩人的行為決策可以得到兩個「納什均衡」，那就是：兩人分別打兔子，每人吃飽四天；兩人合作，每人吃飽十天。

很顯然，兩個人合作獵鹿的好處比各自打兔子的好處要大得多，但前提是兩個獵人的能力和貢獻必須相等。如果一個獵人的能力強、貢獻較多，他就會要求得到相對較大的利益，因此可能會讓另一個獵人覺得利益受損而不願意合作。

「合則雙贏」的道理大家都懂，但在現實環境中，很難達到合作的原因就在於此。合作的首要條件，就是要求雙方學會與對手共贏，充分照顧到合作者的利益。如果分配得當，整體的效率將增加。如果一方主導，另一方受損，合作可能破裂。

所以，在現實環境中，想保證合作順利，不會產生利益分配的矛盾和糾紛，就需要一份契約制度來約束雙方，以保障合作有效進行。

不帶劍的契約只是空文

在與人合作時，如果一方不遵守合作約定，另一方必定吃虧。必須對不合作的人進行懲罰，違約的問題才能解決。換句話說，就是實行一份帶劍的契約，用懲罰來保證合作。

李老師是某班級的級任導師，經常帶領同學參加集體活動。但在活動的過程中，他遇到了一個棘手的問題。

每次集體活動，李老師通知全班同學在早上八點到校門口集合。結果總會有幾個同學拖拖拉拉，導致大家八點十五分才出發，浪費了一刻鐘時間。

於是在後來的活動中，李老師改變了策略。雖然真正的集合時間仍是八點鐘，但是他對大家宣布的集合時間是七點四十五分。這樣一來，總是習慣晚到的幾個同學就會在八點鐘趕到，大家就可以準時出發了。李老師對自己的策略很滿意。

但是時間久了，同學們都發現李老師把集合時間故意提前這件事，甚至有人會根據李老師的通知猜測真實的集合時間。因此，每當李老師通知大家七點四十五分集合時，大家仍然按照預計的集合時間，也就是八點鐘才來，而且那幾個老是遲到的同學，依舊是八點之後才匆匆忙忙趕來。那些準時在七點四十五到達集合地點的同學，終於開始抱怨起來，最後也變得不那麼守時了。

李老師再一次陷入同樣的煩惱之中。

以博奕的角度來解釋，這則故事中存在著老師與學生、學生與學生之間的角力。在這場角力中，老師要想破解學生遲到的困局可以有兩個選擇：一是只要過了集合時間，就不再等下去，讓遲到的同學獨自承擔責任。這種懲罰對同學會造成很大的損失，爲了避免損失他們就不會再遲到了。二是如果遲到的學生太多，就只等待某個數量的學生到達以後馬上出發，讓遲到時間過長的同學承擔責任。

一般來說，合作時雙方收益都會最大，而若其中一方不遵守合作約定，另一方一定會吃虧。這時就需要引入懲罰條款，誰違約，就要受處罰，令他不敢違約。所以雙方之所以願意合作，只是因爲他們都知道，如果其中一人今天被騙，明天就能對其實施懲罰。

但這裡需要注意的問題是，懲罰機制的建立只是保證合作的第一步，合作能否達成的關鍵，還在於懲罰機制所設置的威脅是否具有可信度。

美國普林斯頓大學的古爾教授曾經用下面這則例子說明威脅的可信度。

兩兄弟老是為玩具吵架，哥哥老是搶弟弟的玩具。不耐煩的父親宣佈：好好的分享玩具，不要吵我，不然的話，不管任何一個人向我告狀，我就把兩個人都關起來。

雖然被關起來與沒有玩具相比情況更糟，可是現在哥哥又把弟弟的玩具搶走了，弟弟沒有辦法，只好說：「快把玩具還給我，不然我要告訴爸爸。」

哥哥想：如果你真的告訴爸爸，我就要倒大楣了。但是對你來說，如果不告狀大不了只是沒有玩具玩，告了狀卻會被關起來。告狀只會使你的境況變得更糟，所以你不會告狀的。

因此，哥哥對弟弟的警告置之不理。如果弟弟也是這樣想，他一定也會選擇忍氣吞聲。

可見，合約能否真正被執行，關鍵還要看威脅的可信度。

另外，合作雙方也必須真誠，但並不能因爲與對方合作成功過一次，就表示下次保證一定成功。畢竟別人不一定因此就信任你，你也不必指望對方一定會爲你帶來多大的好處。當然同樣地，你也不能因此就永遠信任對方。

用承諾贏取合作

「人無信不立，業無信不興」。當今社會，誠信已不僅僅是企業參與競爭的通行證，更成爲構建和諧社會的基石。政府要求誠信，企業要求誠信，老百姓也要求誠信，但誠信不會自己從天上掉下來。構建誠信社會，需要各方人馬都將自己納入信用體系之中，共同努力，通力合作。

誠信雖然不像物質產品那樣會爲企業帶來直接的市場和利潤，但它卻是企業的重要資源，是持續發展的先決條件。

孔子曰：「人而無信，不知其可。」立信才能立業，千古不變之理。縱觀商場的興衰成敗，其中一項重要原因就是能否恪守承諾。市場經濟就是信用經濟，重承諾就是贏取信任的前提。從社會層面來看，誠信是一種社會責任。企業必須承擔起這種責任，才能爲社會所接受。從個人角度來說，承諾更是一個人的品牌。缺乏承諾是造成悲劇的根源，因爲缺乏承諾，所以造成雙方無法互相信任，自然達不成合作。

可見，承諾也是一種競爭力，借助承諾將更有助贏取合作。但到底什麼叫做承諾呢？承諾，就是答應別人某件事情，或是答應為別人帶來預期的收益。能促成合作的承諾，必須符合兩個要求，適度和切實。

適度地承諾，必須考量到許多細微末節，必須因人而異，因情勢而異。所以如何做出「適度的承諾」，很難簡單解釋。從大多數人的現實境遇不難看出，如果經常失去承諾，往往會使人陷入困窘煩憂，乃至十分尷尬的境地。因此，通常在做出承諾之前，要先克制感情的衝動，以保持冷靜的頭腦，才能注意到承諾是否適度。

不為自己製造無法實踐的承諾，就是把握適度承諾的前提。只有在量力而行、相互體諒的情況下，才有可能信守承諾。就算在承諾當下直接講明彈性，也不會降低承諾的嚴肅性。

承諾時留下餘地，是做人的藝術之一，也是人際關係逐漸成熟的象徵。許下恰如其分的承諾，才能使自己拿到主動權。而一旦承諾超過自己的能力範圍，那麼就只能處於被動了。

剛剛才畢業的青年教師艾瑞克，來到某個中學工作。當時州政府正要對轄區內的中學進行實地考察，需要向各校借調老師幫忙執行考察並完成調查報告。因為艾瑞克還沒有被安排授課，校長便派艾瑞克參與考察了。

艾瑞克以為是長官器重自己，一接到安排就滿口答應。但依他當時的能力，根本沒辦法做好這件事。艾瑞克心裡也十分清楚，自己對這裡的中學教育情況並不熟悉，其實也才剛剛脫離學生身分，對教育工作本身，根本不算擁有足夠的知識。

一個半月過去了，其他人都交了調查報告，唯有他一個，因為缺乏經驗，對自己所負責三個中學的情況都搞不清楚，更別說分析了。

州政府很惱火，責備校長怎麼推薦這樣的人。校長也不分青紅皂白地說了艾瑞克一頓。年輕的艾瑞克面子掛不住，又氣又羞愧，一下子病倒了，在床上躺了兩個星期，後來雖然回到學校上班，還是覺得抬不起頭來。

艾瑞克因爲不好意思拒絕，最終面子難保，身心都受到了傷害，這對他來說是個教訓。如果你認爲這是上司拜託的事，你不好拒絕；或者害怕拒絕了以後上司會不高興，只好接受下來，那麼此後你的處境只會更艱難。害怕得罪上司而勉強答應的人，肯定會像艾瑞克一樣，連後悔都來不及。

要量力而爲。自己都感到難以達成的事，因爲上司委託，不得不接下來，這種人似乎太軟弱了。縱使是上司一向對自己不錯，但你若自覺實在難以達成目標，也要鼓起勇氣勇敢說聲：「對不起，我實在無能爲力。」

無論是對上司還是親朋好友，當他們要你辦事時，你都應該綜合考量自己的能力與事情的難易度，還有客觀條件是否允許，然後再作決定。如果你覺得辦不到，千萬不要貿然承諾。

作爲下屬，在上司提出要求時，雖然不樂意，往往還是不好意思拒絕。但你想過嗎？如果爲了一時的情面，接受自己根本無法做到的事，一旦失敗了，上司根本不會考慮當初你有多少熱忱，只會以這次失敗的結果對你進行評價。

有效承諾的另一個重點是切實，也就是履行對他人的承諾。一個人是否能信守承諾，往往也能反映他的爲人風範、精神品味和生活藝術的優劣，以及未來的人生走向。

真誠合作但不要輕信

有兩個故事：

一位慈祥的師父，把畢生所學盡數傳給了一個性情暴戾的惡徒。惡徒學藝完成，不思圖報，反倒認為留著師父就多了一個競爭對手，於是憑著年少力勇跟師父決鬥，最後殺死了師父，達到罪惡的目的。

而另一個故事是這樣的。

傳說貓曾經是老虎的老師，教牠發威、怒吼、卷尾、剪、撲之技。但貓想到老虎比自己強大，若日後牠欲反撲於我，該怎麼辦？遂保留了一手爬樹的技巧。果然不久後老虎真的翻臉了，怒欲撲食貓老師。貓老師「嗖」地竄上樹頂，老虎抬頭張望無計可施。

師傅將全身十八般武藝都交給徒弟，卻反過來被自己的徒弟殺害。而貓就聰明很多，因爲牠懂得害人之心不可有，防人之心不可無。

合作固然可以帶來雙贏，但是不要忘記首要目的是保護自己。所以在與對方真誠合作的同時，一定不可輕信對方，凡事要爲自己留條退路。

《紅樓夢》中的平兒，是鳳姐的心腹和左右手，但她同時也是一個世故的聰明人。在為人處事方面，她並不唯鳳姐是從，或者倚仗鳳姐寵愛，其他人統統不放進眼裡。她始終小心地為自己留退路，絕不像鳳姐那樣把事情做絕。

平兒對下人從不依權仗勢趁火打劫，而是經常私下安撫，加以保護。一方面緩和眾人與鳳姐之間的矛盾，另一方面也順勢做了好人。使眾人在鳳姐和平兒的對比之中，對平兒更有感激之情，為自己留下了後退的餘地。

後來鳳姐死後，大觀園一片敗落。本是鳳姐「黨羽」的平兒，卻多次獲得眾人幫助渡過難關，終得回報。

《孫子兵法》云：「知己知彼，百戰不殆。」尤其是與人合作時，更不可忘記這個古訓。與人合作的同時，要永遠對其保持警惕和戒備，隨時隨地密切注視對方的情況。如果以爲雙方既然合作了就萬事大吉，不必要操心了，那將十分危險。

資深的廚師看得出每條魚的紋路不一樣，從魚的外觀便可以分辨出味道。而大多數人，即使與對手打交道的時間很長，卻仍然知之甚少，且已經如此，還缺少對他們的好奇心。這樣的粗枝大葉，又怎麼能指望獲得全面勝利呢？

孫子兵法又說：「兵不厭詐。」只要是有「心機」的人都知道這個道理，他們一開始在你面前多次顯示信用，不過只是誘你步向深淵的詐術。

再次強調，即使成功地與對方合作過一次，也並不意味著下一次就有了保證。人家不一定會因此信任你，所以你也不能因此就永遠信任對方。

◆海盜分金：不考慮別人的利益，自己就無利可圖

經濟學上有個「海盜分金」模型。有五個海盜搶得一百枚金幣，他們按抽籤的順序依次提出分贓方案：首先由一號提出，然後五人表決，超過半數同意方案才能通過，否則他就會被扔入大海餵鯊魚；剩下的人再一起平分金幣。所以剩的人越少，拿的金幣越多。

「海盜分金」其實是一個高度簡化的抽象模型，內容也展現了談判博弈的體裁。在「海盜分金」這個理論中，想讓自己的方案獲得通過的關鍵是：必須事先考慮清楚下一個「挑戰者」的分配方案爲何，並用最小的代價拉攏「挑戰者」中最不容易得到機會的人。

每個海盜都是聰明人，都能理智的判斷得失，以自己的利益最大化爲前提做出選擇。「海盜分金」的故事告訴我們，沒有永恆的朋友，只有永恆的利益。但是在職場中，如果一味從自身出發，不考慮別人的利益，自己也將一無所獲。因此，我們要學會換位思考，與同事相處，要有福同享。

人者利為先，用利益驅動別人為己所用

如果想成就一番大事業，單靠自己一人的力量是不行的，必須善用智慧，借助別人的力量成功。而想借助別人的力量，就應牢記：人者利爲先，用利益驅動別人爲己所用。

在長篇歷史小說《曾國藩》中，有一節：

曾國藩初握兵權時，對屬下要求極其嚴格。曾國藩治下的湘軍，以「紮硬寨，打死仗」聞名。曾國藩追求的是「多條理、少大言」、「不為聖賢，便為禽獸」、「莫問收穫，但問耕耘」。梁啟超稱讚他是「其一生得力在立志，自拔於流俗」，「歷百千艱阻而不挫屈；不求近效，銖積寸累，受之以虛，將之以勤，植之以剛，貞之以恆，帥之以誠，勇猛精進，艱苦卓絕。」其「非有入地獄手段，非有治國若烹小鮮氣象，未見其能濟也。」

但是，曾國藩對待下屬比較吝嗇，在向朝廷保薦有功人員時，總是據實上報，一是一，二是二，有多大功勞就報多大功勞，不肯多報一點，更別說虛報無功人員了。這樣一來，為他出生入死的屬下就不開心了，在後來的戰役中，也明顯的沒有以前勇猛。

曾國藩不明就裡。直到有一天，其弟曾國荃對他說：「大哥，弟兄們現在不賣力幹活，全是因為你的『據實上報』啊。你是朝廷大員，你當然要修身齊家治國平天下，期望百世流芳，這是你的追求。可是弟兄們沒有你那麼高的追求，他們要的就是眼前的利益。弟兄們流血賣命打仗，圖的是金銀財寶，有個官職，以封妻蔭子，你不給人家好處，誰給你賣命啊？」

一番話點醒夢中人，儘管曾國藩是個理想主義者，但在現實面前也只能妥協。

如果想要成就大事業，單靠自己的力量很難。所以，我們必須善用智慧，借助別人的力量讓自己成功。但是，我們如何才能讓別人願意追隨自己、幫助自己呢？

面對最重要的一等人才，講究的是志同道合。只要有共同的理想和目標，這樣的人物就是願意與自己站在同一條陣線上的合作者。

然而，對於次等的人才，除了理想和人格魅力以外，也許更重要的就是實際的利益和好處。就像曾國藩麾下那些普通的「湖湘子弟」，他們不可能都在歷史上留下自己的名字。也許他們也有對理想的追求，但眼前的實際利益無疑更能打動他們。

第一等的人才畢竟有限，我們更需要倚靠的是次等人才。所以在與這些人才角力的過程中，一定要用利益驅動他們爲己所用。

「我們沒有永遠的朋友，也沒有永遠的敵人，只有永遠的利益。」從政也好，經商也好，若無利可圖，誰也不會和你合作，更不可能爲你所用。看透這一點，在人生的角力中才能進退自如。

因此，要打動對方，首先要瞭解對方要什麼，然後考慮自己能否給對方這些東西。簡而言之，打動對方的方法就是：在自己能夠接受的範圍內給對方好處。

不給對方好處，對方就不願意合作，而你終究也無法獲利。給的好處不夠多，對方興致不高，合作程度也小，你的獲利也就少。只有在給出最大程度的好處之後，對方才會願意全力以赴，你也才能取得最大的利益。

明處吃虧，暗處得福

在海盜分金的角力中，還包含了線性思考策略：假如我這麼做，其他海盜就可以那麼做，反過來我應該怎樣對付？

假如不能夠預測到對手的策略，他們就不可能取勝。這也就告訴我們，在海盜分金的角力中，一定要擁有更長遠的眼光才行。

紅頂商人胡雪巖本是江浙杭州的小商人，他不但善於經營，也很會做人，常給周圍的人一些小恩惠。胡雪巖創業的第一步是設立阜康錢莊。儘管錢莊有王有齡的背後支持及各同行的友情贊助，但應該如何才能在廣大儲戶中開創一番局面呢？胡雪巖想出了一個「明處吃虧，暗中得福」的妙計。

胡雪巖把總管劉慶生找來，令他馬上開十六個戶頭，每個摺子存銀二十兩，一共三百二十兩，錢由自家的帳房出。劉慶生雖不明白胡雪巖為什麼急著開這麼多戶頭，但東家吩咐了，就去辦吧。

待劉慶生把十六個存摺的手續辦好送過來之後，胡雪巖才細說其中奧妙。原來那些存摺，都是為撫台和藩台的眷屬們所開的戶頭，只要替他們墊付了開帳戶所需要的底金，再把摺子送過去，以後當然就好往來了。

「太太、小姐們的私房錢，當然不太多，算不上什麼生意，」胡雪巖說，「但是我們為她們免費開了戶頭，墊付了底金，再把摺子送過去，她們肯定很高興。藉著她們的碎嘴四處相傳，和她們往來的達官貴人豈不知曉？別人對阜康的手面肯定另眼相看，咱們錢莊的名聲也就打出去了，到頭來還會沒生意做？」

劉慶生心領神會地點了點頭，心中暗自佩服胡雪巖做生意的手法。

劉慶生把那些存摺送出去後沒幾天，果然就有幾個大客戶前來開戶。同行對阜康錢莊能在短短的幾日內把他們多年結識的大客戶拉走頗為驚訝，完全不知到底為什麼。

胡雪巖不愧是晚清最知名的商人。他在那個時候就懂得施人小恩惠，爲自己帶來大利益，爲事業添磚加瓦。當然他能夠使出這個策略，也是因爲長遠的眼光。

在現實工作中，希望能得到自己想要的東西，就要學會揣摩他人心理，洞悉別人的需要，考慮到別人的利益。眼光放長遠些，不要只貪圖蠅頭小利，而失去贏得大利益的機會。因此，我們在職場中，只要能達到自己的目的，就要先做一個不怕吃虧的「笨蛋」。

不知道你是否相信一個理論：不怕吃虧的「笨蛋」才是真正的聰明人。

一個猶太人走進紐約一家銀行的貸款部，大模大樣地坐了下來。

「請問先生，我可以為你做點什麼？」貸款部經理一邊問，一邊打量著這個西裝革履、滿身名牌的客人。

「我想借些錢。」

「好啊，你要借多少？」

「一美元。」

「只需要一美元？」

「不錯，只借一美元，不可以嗎？」

「噢，當然可以。只要有足夠的擔保，再多點也無妨。」經理聳了聳肩，漫不經心地說。

「好吧，這些做擔保可以嗎？」

猶太人接著從豪華皮箱裡取出一堆股票、國債等，放在經理的辦公桌上。

「總共五十萬美元，夠了吧？」

「當然，當然！不過，你真的只要借一美元嗎？」經理疑惑地看著眼前的怪人。

「是的。」說著，猶太人接過了一美元。

「年息為百分之六，只要你付出百分之六的利息，一年後歸還，我們就可以把這些股票還給你。」

「謝謝。」

猶太人說完準備離開銀行。

一直站在旁邊的分行主管怎麼也弄不明白，擁有五十萬美元的人，怎麼會來銀行借一美元？於是他急忙追上前去對猶太人說：「這位先生……」

「有什麼事嗎？」

「我實在弄不清楚，你擁有五十萬美元，為什麼只借一美元呢？你不覺得這樣做很吃虧嗎？要是你想借三十萬或四十萬元的話，我們也會很樂意……」

「請不必為我操心。在我來貴行之前，已問過了幾家金庫，他們保險箱的租金都很昂貴。所以我就打算在貴行寄存這些東西，一年只需要花六美分，租金簡直太便宜了。」

看到這裡，我們不得不感嘆這個猶太商人的精明。他雖然吃小虧，卻占了「大便宜」。事實往往就是這樣，那種表面上看起來不怕吃虧的「笨蛋」，其實才是真正聰明的人。

不怕吃虧是做人的境界，也是處事的睿智。人生在世，真正有智慧的人，才不會在乎「裝傻充愚」在表面上吃虧，而是看重實質的「福利」。正如古語所言：吃虧就是占便宜。

智豬博弈：利用別人的資源辦自己的事

智豬博弈又叫「搭便車」博奕。

豬圈裡有兩頭豬，一頭大豬，一頭小豬。豬圈的一端有個踏板，每踩一下踏板，在遠離踏板另一端的投食口就會落下少量的食物。如果有一隻豬去踩踏板，另一隻豬就有機會搶先吃到另一邊落下的食物。當小豬踩下踏板時，大豬會在小豬跑到食槽之前，剛好吃光所有的食物；若是大豬踩下了踏板，則還有機會在小豬吃完落下的食物之前跑到食槽邊，爭取到另一半殘羹。於是，聰明的小豬就會按兵不動，等待大豬去踩踏板。

「智豬博弈」告訴競爭中的弱者（小豬）：等待就是最佳策略。在博弈中，每一方都會想方設法攻擊對方、保護自己，最終取得勝利。所以在職場中，學會如何「搭便車」，是一個精明的工作者最為基本的能力。在某些時候，如果能夠選擇等待，讓別人打頭陣，也不失為明智的選擇。

聰明的職場工作者總是善於利用各種有利的條件來爲自己服務。「搭便車」就是另一種節省企業費用的方式，只要多多留意、多多研究，就可以省下很多不必要的開支，使企業的管理和發展走入另一個新的階段。這種現象在經濟生活中本就十分常見，卻很少爲小型企業的經理人所熟識。

聰明的「小豬」懂得借對手之力

智豬博弈中，如果小豬總是搭便車，大豬無可奈何，只有一肚子怨氣，自然也會視小豬爲最大的敵人。久而久之，或許大豬也不願意再去踩踏板了。那麼，小豬有沒有方法讓大豬這個敵人心甘情願地爲自己覓食呢？

一個牧場主人和一個獵戶比鄰而居，牧場裡養了許多羊，而他的鄰居卻在院子裡養了一群兇猛的獵狗。這些獵狗經常跳過柵欄，攻擊牧場裡的小羊。牧場主人好幾次請獵戶把狗拴好，但獵戶不以為意，口頭上答應，沒過幾天，獵狗便又跳進牧場橫衝直撞，小羊深受其害。牧場主人再也受不了了，於是向當地的法院控告獵戶，要求獵戶賠償其損失。

法官聽了他的控訴說：「我能處罰那個獵戶，也能要求他把狗鎖起來。但這樣一來你就失去了一個朋友，多了一個敵人。你是願意和敵人做鄰居呢？還是和朋友做鄰居？」

牧場主人說：「當然是和朋友做鄰居。」

「那好，我給你出個主意。請你按照我所說的去做，不但可以保證你的羊群不再受騷擾，還會為你贏得一個友好的鄰居。」

法官如此這般地交代一番，牧場主人聽了暗暗叫好。

回到家，牧場主人就按照法官所說，挑選了三隻最可愛的小羊送給獵戶的三個兒子。孩子們看到潔白溫順的小羊，如獲至寶，每天放學後都在院子裡和小羊玩耍嬉戲。因為怕獵狗傷害到兒子們的小羊，獵戶便做了個大鐵籠，把狗結結實實地鎖了起來。從此，牧場的羊群再也沒有受到騷擾。兩家的關係也一直非常和睦。

智豬博弈中的「小豬」可以用給予一定利益的方法，將「大豬」這個敵人變成朋友，並借助「敵人」之力成就自己。精通這個博弈策略的，還有微軟創辦人比爾•蓋茲。

美國的Real Networks公司曾於二〇〇三年十二月向美國聯邦法院提起訴訟，指控微軟濫用其在Windows上的壟斷地位，限制PC廠商在電腦上預裝其他公司所開發的媒體播放軟體，導致無論Windows使用者是否願意，都被強迫使用綁定的媒體播放軟體。Real Networks為此要求十億美元的賠償。

然而，事情的發展總是出人意料。官司還未結束時，Real Networks的首席執行長格拉塞便致電比爾・蓋茲，希望得到微軟的技術支持，以使自己的音樂檔能夠在網路和可攜式裝置上播放。所有的人都認為比爾・蓋茲一定會拒絕他。出人意料的是，比爾・蓋茲對他的提議表示歡迎。

事後，微軟與Real Networks公司達成了一份價值七點六億美元的法律和解協定。根據協定，微軟同意把Real Networks公司所提供的服務，置入微軟的MSN搜索、MSN資訊以及MSN音樂服務中，並且使之成為Windows Media Player 10的其中一個可選服務。官司就在祥和中化解了。

人在社會上闖蕩，難免會樹立敵人，如何處理好與「敵人」的關係？紅頂商人胡雪巖說：多一個朋友多條路，多一個敵人多堵牆。一和萬事興，在合適的時候，不妨站到敵人身邊去，化敵爲友，借助對方的力量實現雙贏。

在強勢之下，沒有所謂角力，只有服從。強勢一方是規則的制定者，所以在強者面前，不要正面交鋒，要學會順勢而下，韜光養晦。還要善於搭強者的便車，等待機會，以弱勝強。

弱者想成功，學會借外力

弱者與強者之間，由於規則由強者制定，力量也是強者較大，弱者可以搭強者便車，也可以選擇暫時隱其鋒芒。這是弱者對戰強者的生存之道。弱者忍辱負重，在強者的陰影下生存只有一個目的，就是等待自己變爲強者的日子，並取代強者的位置。

弱者與強者是對立的兩端，而強者對事情的走向有決定權。因爲在衝突之中，強者才是性質和內容的規定者。但衝突還有一個特性，就是在一定條件下雙方會發生轉變，所以弱者在與強者對戰時要學會如何以弱勝強。所謂以弱勝強，就是借力使力的四兩撥千金之術，或是反間之道。

在雙方的對戰中，要善於觀察形勢，抓住解決問題的關鍵環節。關鍵環節找到了，才能從容發力，付出極少的成本就能獲得極大的收益。

西漢初期，匈奴仍不斷侵擾北方邊境。剛剛做了皇帝不久的劉邦決定用一勞永逸的方式解決匈奴問題。

西元前兩百年，匈奴單于率師南下，劉邦親率三十萬大軍迎戰，不料在平城白登山（今山西大同東北）中了匈奴兵的埋伏，被三十萬匈奴騎兵包圍。

當時，匈奴的陣勢十分壯觀，東面是清一色的青馬，西面是白馬，北面是黑馬，南面是紅馬，氣勢逼人。

劉邦在白登山被圍了七天，援兵被阻，又突圍不成。時值嚴冬，糧斷炊絕，許多士兵的手指都凍掉了，劉邦焦急萬分。雙方力量相差懸殊，硬拼是不可能成功的，而對手又是死敵，沒有商談的餘地，雙方僵持不下。

在這危難之際，劉邦手下的大臣陳平想到一個妙計。他派使者求見冒頓單于的閼氏（皇后），送她一份厚禮，其中有一張潔白的狐狸皮。並對閼氏說，如果冒頓單于繼續圍困，漢朝將送最美的美女給冒頓單于，那時你將失寵。

同時，陳平又令人製造了一些形似美女的木偶，裝上機關使其跳舞。閼氏遠遠望去，見許多美女舞姿婆娑、楚楚動人。閼氏擔心漢朝真的送美女來，於是她便說服單于放開一個缺口，把劉邦放走。這就是歷史上的「白登之圍」。

在白登山時，劉邦已身陷困境。如果匈奴一舉進攻，也許漢朝的歷史就被改寫了。當時雙方實力懸殊，但在那樣的情況下，陳平卻想到利用女人的嫉妒這個妙策。

陳平借單于的妻子閼氏之力，使單于做出讓步，才令漢軍有機會突破重圍。來到我們眼前這個炒作的時代，炒名人、炒影視、炒書籍、炒樓盤……什麼都能炒。現代人更是把借別人資源辦自己的事這個策略發揮到極致。

一九九二年某大型企業的新建總部大廈竣工。該公司正在籌畫辦公室喬遷和大廈落成典禮等公關活動。突然有天，一大群鴿子飛進頂樓的一間房間裡，並且乾脆把這個房間當做棲息處了。

本來這件事根本沒什麼，不過，公關部經理聞知此事後卻喜上眉梢，他立即下令緊閉門窗，對鴿群進行保護及餵養。因為正在為公關活動而勞神費心策劃的他，敏銳地意識到，這正是擴大公司影響力的絕好機會。

公關部經理將鴿群飛入大樓這件事通知了動物保護協會，正好與時下火熱的動物保護話題結合，又巧妙地透露給各大媒體，藉此炒熱新聞。新聞界被這件既有趣，又有意義，更有新聞價值的消息驚動了。於是很快地，電視台、報社等媒體紛紛派出記者，趕到這座新落成的總部大廈，進行現場採訪和報導。

動物保護協會受理公關部經理的申請之後，立刻派了專人去處理保護鴿子這件「大事」，以保證鴿群在不受傷害的情況下回歸大自然。

活動整整持續了三天。在這三天中，各新聞媒體對保護鴿群的行動爭相進行了系列報導，使得社會大眾對這個新聞產生了濃厚的興趣，積極熱情地關注著活動的整個過程。各方消息、特寫、專訪、評論等，將這件本來根本沒什麼的「閒事」，炒成整個社會關注的焦點，公眾的注意力全部被吸引到該公司和剛竣工的總部大樓。

此時，公司當然也不會放過這個免費宣傳公司形象的機會。公關部充分利用專訪頻頻在電視、報紙、廣播中「亮相」，向大眾介紹公司的宗旨和經營方針，更加提高了公司的知名度。

結果可想而知，公關活動非常成功。

借助媒體來進行炒作，無疑是一條弱勢變強勢的絕佳策略。這是一個傳媒能使鬼推磨的年代，媒體能夠利用雞毛蒜皮的瑣事，製造出成千上萬個明星，自然也能製造出明星企業和企業家。

「小豬」們想迅速成功，就必須具有借助媒體進行炒作的智慧，緊跟時代的步伐，製造一些熱門事件、焦點人物、創造新奇概念，製造新聞，引起媒體的注意並進行炒作，吸引人們的注意力，並因此借助媒體的力量一飛沖天。

辦公室中的「智豬博弈」

張力衡就是智豬博弈中所謂的「大豬」。

每天張力衡下班時，都覺得自己快要瘋掉了。「所有工作都要我一個人做，難道把我當成機器人了？」

張力衡在一家公司的發展部門工作，每天都是這項工作還沒做完，就有另外幾項工作等著他，整天都沒有喘氣的機會。

公司規模很小，發展部這樣一個重要部門裡只有三個人。而這三個人竟然就分了三個等級：部門經理、經理助理、職員。很不幸的，張力衡正好就中間那個級別，也就是經理助理。

經理的任務就是發號施令，所以每次的情況總是經理一句話：「張力衡，把這件事辦一辦！」張力衡就要忙三天三夜。

可是張力衡卻不能對下屬阿兵也瀟灑地來一句：「你去辦一辦！」因為一來，阿兵比他年長，又是經理的老部屬；二來，阿兵學歷及能力都有限，怎麼放心把事情交給他？張力衡只能無奈地嘆息，自己一人當三人用，努力加班完成上級交辦的任務。

更讓他無法接受的是，就因為每件事都由他出馬，其他部門的同事竟漸漸習慣了只要有事找發展部，就找張力衡！連總經理都不再透過經理分派任務了，直接就把檔案扔到張力衡的桌子上。

張力衡辦公桌上的文件越堆越高也就算了，連阿兵都來指揮他。這天，阿兵把一疊發票放在他面前說：「你幫我報一下帳。」

張力衡頓時悶得說不出話，過了半晌才問：「你自己為什麼不去？」

阿兵囁嚅了一會兒說：「我和財務不熟，你去比較好！」

儘管心中怒火萬丈，但礙於同事情面，張力衡還是跑了這一趟。

就這樣，每天一上班，張力衡就像陀螺一樣轉個不停。經理則躲在自己的辦公室裡打電話，美其名為「聯繫客戶」。而阿兵呢？只見他整天都在玩紙牌遊戲，順便上網跟老婆談情說愛，過得逍遙自在。

到了年終，由於部門業績出色，公司發下獎金四萬元，經理獨得兩萬元，張力衡和阿兵各得一萬元。

想到自己辛勞一整年，卻和不勞而獲的人所得一樣，張力衡心裡滿是不平，但是又能怎樣呢？如果他乾脆也不做事的話，不僅這一萬元得不到，說不定連工作都沒了。

想來想去，還是繼續當「大豬」吧！

辦公室裡永遠會有這樣的場景：有人做「小豬」，舒舒服服地偷懶；有人做「大豬」，整天疲於奔命，吃力不討好。但不管怎麼樣，他們都篤定一件事：大家是一個團隊，就算有罰，也會罰整個團隊，所以總會有「大豬」悲壯地跳出來完成任務。

「智豬博弈」的案例早已擴展到生活各個層面。不論是處在戰場還是商業競爭，特別是在職場中，經常會有類似情況。辦公室的人際衝突中，永遠會有不勞而獲的「小豬」，而另一些人只好當吃力不討好的「大豬」。

你是職場大豬還是小豬

劉新甫在一家國營企業工作。他是個「聰明人」，他為自己下了這樣的斷語。「從大學開始，我就不是最引人注目的學生。我從不出風頭，只是輔助最能幹的同學做些工作。如果工作做得好，得到表揚少不了我；但是如果工作搞砸了，對不起，跟我一點關係也沒有。」

劉新甫已經就業三年了，依舊奉行著這樣的處世哲學。他說：「真奇怪，怎麼會有那麼多人下了班嚷著自己累？要是又累又沒有加薪、升職，那只能說是自己笨！我從小職員當上經理，一直都是輕輕鬆鬆的，反正麻煩事自然會有人愛扛。」

有一個朋友問他：「你這樣，同事不會有意見嗎？」

劉新甫眨眨眼睛，一臉神秘地說：「這就是秘訣了！該怎麼做才能保證永遠有人肯拉你一把？第一，平時就要經營感情投資，跟同事們打好關係，讓他們覺得跟你是哥兒們，關鍵時刻他們就會基於義氣幫助你；第二，立場要堅定，堅決不做事，什麼事都讓別人做。有些人就是愛表現，那就給他們表現的機會。反正出了事，先死的是他們。萬一碰上不愛表現的人，看我不慣，我會告訴他，我不是不想做，是做不來呀！若想除掉我？對不起，我朋友多，他們都會為我說話的。」

在職場中，劉新甫就是所謂的「小豬」，總是投機取巧，但這並不是長遠的辦法。你是做「大豬」，還是「小豬」？看來看去，做「大豬」固然辛苦，但「小豬」也並不輕鬆啊！雖然可以在工作上偷懶，但私下要花費更大的精力去維護關係網，否則在公司的地位便會岌岌可危。就像張力衡的忍氣吞聲，就是因爲阿兵是經理的老部屬。劉新甫的有恃無恐，無非是有人爲他撐腰。難怪做「小豬」的都是聰明人，不聰明怎麼能左右逢源？

這些常年在一起工作多年的戰友們，對彼此的行事規則都瞭若指掌。「大豬」知道「小豬」一直是過著不勞而獲的生活，而「小豬」也知道「大豬」總是礙於面子或責任心使然，不會坐而待之。因此，結果就是總會有一些「大豬」們過意不去，主動去完成任務。而「小豬」則在一邊逍遙自在，反正任務完成後，獎金一樣拿。

但話說回來，這種聰明未必值得提倡，工作說到底還是要靠實力。單靠人緣和關係也許能風光一時，但還是脆弱的。「小豬」什麼力都不出反而被升職了，看似混得很好，其實心裡也會虛：萬一哪天露了餡……如果從事的不是團隊合作性質的工作，而是側重獨立工作的行業，那又該怎麼辦？還能心安理得地當「小豬」嗎？

在職場中，「大豬」付出了很多，卻沒有得到應有的回報；做小豬雖然可以投機取巧，但這畢竟不是一種長遠之計。因此，身在競爭激烈的職場中，最理想的做法就是，既要會做「大豬」，也要會做「小豬」。

Chapter.

03

表面是公義，心裡是生意

Survive
in the Workplace

◆投其所好定律：抓住對方的需要，適當給些好處

每個人都有自己不同的興趣與愛好。在人際交往時，如果能夠尊重對方的喜好，暫時隱藏自己感興趣的話題，將更有助於建立起良好的人際關係，讓你成爲一個受歡迎的人。這便是人際交往中的「投其所好定律」。

心理學家認爲，每一個人都有某個方面的興趣。興趣可分爲兩種：一種是對相關事物的興趣，一種是對不相關事物的興趣。所謂相關事物，是指你與別人共同都有興趣的事物。利用這種興趣，大部分時候都可以創造出良好的關係。

人都喜歡和別人聊自己感興趣的東西，因爲自己是這方面的專家。所以在談天過程中找到對方興趣，不僅會獲得新知，若是善加利用，還能夠逢凶化吉。

投其所好，從他人的興趣和愛好開始

所謂「話不投機半句多」，在人際交往過程中，如果不顧及他人的興趣和愛好，往往會造成無謂的爭論，甚至破壞了朋友間的友誼。

如果你希望別人喜歡你，對你產生興趣，那就一定要注意迎合對方感興趣的話題和愛好。如果只是一味地熱衷在自己感興趣的事情上，容易在彼此的交往之中造成障礙，影響雙方的溝通與情感交流。

世界上最偉大的推銷員——喬・吉拉德卓越的推銷業績，被載入了金氏世界紀錄，至今仍無人打破。據瞭解，喬・吉拉德本人總是能洞察顧客的心理，並做出投其所好的推銷。他成功的秘訣之一，就是抓住客戶的心理。

一天，喬・吉拉德在下班的路上，遇到一個穿著富貴的太太在路邊遛狗。他馬上意識到，這位太太可能是潛在客戶。於是，他走上前去說：「這些小狗真是可愛極了。」

太太一聽有人誇讚自家的小狗，顯得特別興奮，滔滔不絕地向喬．吉拉德說這些小狗們有著像人一樣的聰明靈性。

「一般人家都只養一隻小狗，而太太你為什麼一下子養了這麼多？」吉拉德好奇地問。

於是，太太告訴他真正的原因：原來這位太太結婚已經十年了，一直都沒有孩子，平時丈夫工作非常忙，她總是一個人孤單地待在家裡。所以就養了幾隻小狗，並視為孩子般疼愛。

吉拉德告訴這位太太，自己也是一個喜歡狗的人，只是工作太忙，無法照顧牠們。就這樣，他們聊得非常愉快。當太太得知吉拉德是一個汽車推銷員時，便主動說：「我家也正想買車，你什麼時候有時間見見我先生吧。」

於是這一天，這位太太看到丈夫一下班，便興高采烈地對他說：「你不是說要買一輛車嗎？我已經約好了雪弗蘭汽車公司的推銷員喬．吉拉德星期天來洽談了。」

先生一聽很不高興：「我是說過要換一輛車，但沒說過現在就買呀！你為什麼要自作主張呢？」太太只好告訴了他事情的經過。

只因為雪弗蘭汽車公司的推銷員喬．吉拉德也是一個愛狗之人，這位太太對他很有好感。而先生確實也想換一輛新車，只是優柔寡斷，一直拿不定主意該換什麼車。現在既然喬・吉拉德願意到府服務，看一看又何妨呢。

星期天，喬・吉拉德依約而至。一番交談後，先生很快地也被喬・吉拉德說服了。因為喬・吉拉德彷彿能看得出先生心裡的真實想法，句句話都投中先生所好，使得先生「當機立斷」，買下了喬所介紹的車。

在喬・吉拉德的推銷員職業生涯中，類似這樣的經歷數不勝數。他心裡非常清楚，只要你懂得說客戶愛聽的話，只要你賣客戶最愛的車，就能輕而易舉地拿到訂單。在現實生活中也是如此，只要你能夠投其所好，對別人喜愛的東西表現出感興趣，他們就會對你產生好感，並且信任你。

在與人交談中，假如能找到對方感興趣的話題，就能讓對方對於談話更加熱情。最好是彼此談論共同感興趣的話題，雙方才會樂意繼續進行談話。如果對方對你所談論的話題絲毫不感興趣，往往會採取緘默不言的方式，容易出現交談的冷場。

初次與陌生人交談時，通常沒有人願意敞開心扉，找不到該說的話題，交談就很容易陷入僵局。這時就可以從一些無傷大雅的話題入手，比如：談論天氣、環境等，既消除了彼此的尷尬，又可以為進一步的交流做好鋪陳。

當然，你也可以引導對方談論涉及個人喜好的話題，如：最近的電影、流行的音樂、最新的股市、餐廳的招牌菜等，極力從一些生活中看似平淡的話題找到對方的興趣，引起雙方的情感共鳴。這樣一來，你們的談話就能像打乒乓球一樣有來有往了。

無論是日常生活中的普通交往，還是商業上的談判推銷，只要能夠找到對方的喜好，讓對方感受愉悅，你就能收到令人驚喜的回報。一般人都希望身邊的朋友有許多共同的興趣。可能的話，應該儘量找出他們最感興趣的事，然後再從這些地方去接近他們。這種機會不容易得到，所以人際關係才需要經營。

抓住對方需要，用細節打動對方

抓住客戶的目的，是業務成交的關鍵。在建立良好關係的過程中，雙方興趣能夠一致是很重要的。只要雙方喜歡同樣的事情，感情就容易融洽，此時再處理其他事情，彼此也就願意合作了。

其實，想做成一筆生意，或者想做出一番事業，就要學會洞察對方的心理，抓住對方的需要，及時給點好處，讓對方覺得欠了你一個人情。同樣的道理，送禮不需貴重，但一定要是對方喜歡或者需要的。

在某公司周年慶祝酒會上，來了很多的重要客戶。公關部的莉莉與一位重要客戶聊起天來，由於兩人年齡相仿，有共同話題，聊得很盡興。在交談過程中，莉莉知道這位女客戶名叫王曉蕾，是一位部門經理，工作之餘特別喜歡收藏包包。

送王經理回去途中，她指著路人的皮包說：「那個包蠻別致的，不知哪買的。」

說者無心，聽者有意。半個月後，莉莉就把一個同樣款式的皮包送到了王經理的辦公室：「王經理，我上周去參加客戶的發表會，人家送了消費卡。我一到商場就看到這個款式的皮包，順便幫您買了一個，您看喜不喜歡？」

經理站起身說：「不行不行，你留著自己用吧。」

莉莉連忙說：「難得您看中一件東西，說真的，您的眼光就是和別人不一樣。再說如果不是您，我們主管也不會讓我參加上次那個產品發表會，以後的合作還需要您的照顧和支援。」

於是，王經理說：「以後你有什麼事情，可以直接來找我，只要是你，什麼都好說。對了，下週五在國賓飯店我們有個新品發表會。我年紀大了，也不喜歡湊熱鬧，你去看看吧。」王經理說著又拿出一張請柬。

莉莉接過請柬，假裝埋怨地說：「看您說的好像您真老了似的，上次參加發表會時好幾個女同事還問我，您怎麼那麼年輕呢！」說得王經理面露喜色，其實王經理已經五十多了。

莉莉送的皮包也許並不貴重，但重要的是王經理喜歡，莉莉正是瞭解王經理的喜好，並及時滿足了對方的期待。她就是要讓王經理感到欠了自己人情，這樣就能爭取到更多學習和鍛鍊的機會。

實際上，人情小禮真的一點都不貴重。要打動人心就要明白對方的目的和需求，然後投其所好，就可以達到順利成交的目的。

還有一個非常重要的問題，那就是給人好處時，得算準時機和方式，以最小的代價換得最大的人情，免得吃力不討好

《水滸傳》中有一幕，宋江殺了閻婆惜後，便逃到柴進的莊上避難，碰上了武松。當時武松以為自己在故鄉傷人致死，也躲在柴進的莊上。可是武松脾氣不太好，得罪了柴進的莊客，所以柴進也不是十分喜歡他。《水滸傳》中寫道：「柴進因何不喜武松？原來武松初來投奔柴進時，也一般接納款待；次後在莊上吃醉了酒，性氣剛烈，莊客有些顧管不到處，他便要下拳打他們，因此滿莊裡的莊客，沒一個道他好。眾人只是嫌他，都去柴進面前，告訴他許多不是處。柴進雖然不趕他，只是待慢多了。」顯然，武松對柴進也是有很大的怨言，儘管柴進在武松身上花了不少錢。

但是，宋江的做法就高明多了，他見到武松馬上拉著武松去喝酒，像親人相逢一

樣，看武松的衣服舊了，馬上就拿錢給武松做衣服（後來錢還是柴進出的，但好人卻是宋江做的）。而後「卻得宋江每日帶挈他一處，飲酒相陪」。這飲酒的花費自然還是柴進的開銷。臨分別時，宋江一直送了六七里路，並擺酒送行，還拿出十兩銀子給武松做路費，而後一直目送武松遠離，直到看不見為止。

宋江從頭到尾不過花了十兩銀子和餞行的一頓飯，卻把英雄蓋世的武松感動得五體投地。而柴大官人庇護了武松整整一年，就算後來有所怠慢，也沒有少他任何吃喝用度，在武松身上的花費豈止區區十兩銀子。但這位宋大哥在武松心目中的分量，恐怕要遠遠超過柴大官人。這也就是爲什麼柴進名滿江湖，出生高貴，卻成不了老大，但宋江卻可以的原因。因爲柴進花的冤枉錢太多，不善於將錢用在對的地方，所以往往事倍功半。

由此可見，有的人錢花得不少，卻沒有賺到人情；而另一種人，花錢雖不多，卻收買了人心，成爲自己的助力。究其原因，就在於給人好處的時機和方式有所區別。

面對一個身陷困境的窮人，只要一枚銅板的幫助，就能讓他願意忍受極度的饑餓和困苦，爲你赴湯蹈火在所不辭。面對一個執迷不悟的浪子，只要一次促膝交心的幫助，就可能使他重拾做人的尊嚴和自信，從此對你忠心不二。

◆名片效應：個人形象就是品牌

名片效應是指在交際過程中，如果能夠讓對方知道自己與對方的態度和價值觀相同，就能夠使對方感覺到彼此間更多的相似性質。恰當地使用「心理名片」，就能儘快促成人際關係的建立。

要使心理名片產生應有的作用，首先就要善於捕捉資訊。找到對方真正的態度，尋找可以接受的觀點，就能形成一張有效的名片。再來就是尋找時機，恰到好處地向對方出示你根據「名片」上的資訊所打造出的形象。這樣一來，就可以很快達到目標。

在人際交往時，只要首先表明自己與對方的態度和價值觀相同，就會使對方產生同理心，很快地縮小心理上與你之間的距離，更願意接近你。這種向對方表明的態度和觀點，就如同名片一樣能幫助你將自己介紹給對方。

形象是你的第一張名片

交際場上，有的人總能如魚得水，有的人卻跌跌撞撞。人們總是用「同人不同命」來自我解嘲。可是爲什麼同樣的人生，卻有著不同的境遇和結果呢？

生活經驗告訴我們，每個人都想追求完美的人生，但卻很少有人真正注意自己在社交場合中的形象。這種形象不僅止於外在儀表的刻意修飾，還包括溫和的性格、積極的心態、文雅的修養所帶給人的影響力。

有句話說：「良好的形象是美麗生活的代言人，是我們走向更高階梯的扶手，是進入愛的神聖殿堂的敲門磚。」一個注重形象並隨時隨地注意保持好形象的人，總是能得到人們的信任，在逆境中獲取幫助，在人生的旅途中不斷找到發揮才幹的機會，並時刻用自己的風采魅力影響別人，活出真正精彩的人生。

好形象等於是人生的資本，充分利用它不僅能增添光彩，更有助於提升影響力。

宋慶齡女士是世界公認的偉大女性，她除了擁有崇高的智慧外，還有著美好的儀表形象。

美國作家艾斯蒂・希恩曾在作品裡這樣描寫：「她雍容高貴，卻又那麼樸實無華，堪稱穩重端莊。在歐洲王子和公主中，尤其年齡較長者的身上，偶爾也能看到同樣的影響力，只是這些人顯然都是經過終生培養的成果，而孫夫人的雍容華貴與眾不同，卻主要是一種內在的影響力，是發自內心，而非偽裝出來的。她的膽識之高，人所罕見，總能使她在緊要關頭鎮定自若。同時，端莊、忠誠和智慧又使她擁有一種根本的力量，這種力量能夠消除她外表所傳達的柔弱羞怯印象，使她具有堅毅且英雄式的影響力。」

宋慶齡女士的成功，印證了一個觀點：一個人的好形象，除了能展示個人的氣質風度外，更有助於提升影響力。

形象就是人生的潛在影響力。每個人在這個世界上都是獨一無二的，所以個人的形象，無論好壞，也都充滿著獨特的影響力。形象是每個人向世界展示自我的窗，向大眾宣傳自我的廣告，是一張讓別人認識自己的名片。從我們的形象中，別人獲取印象，而這個印象又影響著他們對待我們的態度和行爲。就在這個最基本的互動過程中，我們努力追逐著自己人生的夢想，實現著生命的價值。

良好的形象有助於增進人際關係，營造和諧氣氛，令你左右逢源無往不利，並且接近成功。

紅頂商人胡雪巖在上海新開張的商行遭到當地商人的聯合擠兑，不久就波及到大本營杭州。一些大客戶生怕胡雪巖垮台，紛紛聞風而動，都準備中止和他的生意往來。

這天胡雪巖從上海回來，有心人士悄悄躲在暗處觀察，以為會看到胡雪巖灰頭土臉的樣子。結果讓他們失望了，他們看到的是衣著鮮亮、精神抖擻的胡雪巖。

雖然如此，這些人還是不放心，又跟蹤胡雪巖到他的商行去，認為胡雪巖會宣布暫停生意以進行整頓。可是胡雪巖的商行不僅沒有關閉，而且還親自坐鎮，在櫃檯上悠然自得地喝起茶來。這個景象令大家都糊塗了，一個遭受這麼大打擊的人，竟然還能夠如此鎮定從容？

最後，胡雪巖用氣度征服了所有人，大家都對胡雪巖恢復了信心。

其實，當時胡雪巖的處境早已山窮水盡，就是憑著堅如磐石的鎮定形象，才穩住了不利的局面。曾有人說過：「形象是一個人的招牌，壞形象會毀了一生，而好形象會令影響力迅速提升。」

沒錯，尤其在競爭日益激烈的當代社會上，每個人都承受著巨大的壓力，又同時被利益驅使著，猶如急流中團團旋轉的浮萍。如果能靜下心來，認真地樹立起好形象，那就好比為人生打造了一塊金招牌，能令你在風高浪險的生命歷程中，從容地經營人生、成就人生。

好形象如果能夠充分運用，將有助於提升影響力，促進成功。所以請先把自己的儀表、形象修飾好。只有掌握了修飾的美學，才能映照出一個人蓬勃的精神風貌，繼而幫助我們提高辦事能力。

裝扮能反映一個人的追求及情趣，並且要考慮年齡、身份、職業等，教師、醫生不宜打扮得過豔，學生則應當講究整潔。若是跟年齡、身份不符，就會顯得虛榮、輕浮和愚昧。

「濃淡相宜」是說裝扮應注意統一協調，否則就會失去比例的平衡，以致俗不可耐。如果想受人尊敬，首先必須注意衣著的整齊清潔，才能顯出為人端莊、生活嚴謹。化妝的本意是為了掩飾缺點以表現優點，但如果化妝過濃，優點反而被破壞無遺。欲將良好的風度氣質呈現在眾人面前，保持淡雅宜人的化妝是最好的，不可把臉當做調色盤，更不可把身體當做時裝舞台。所謂有個性的妝飾，旨在表現本身的修養，同時也表現人格，因此必須使看的人感到清爽並產生好感才行。

總之，與人打交道時，若能在第一時間留下深刻的印象，將會為你的成功增色不少。

把自己當作品牌經營，名片永遠用不完

在這個競爭越來越殘酷的時代，個人價值被認爲比什麼都重要。想成就個人的成功，想擁有和諧愉快的生活，就得像明星一樣，建立起強有力的個人品牌，讓大家都真正理解並完全認可。只有這樣，才能擁有持續發展的事業。

那些經營個人品牌很成功的人，總是與眾不同，令人印象深刻，他們清楚地向世界展示真實的自我，以及如何始終如一地貫徹承諾，如何贏得信任。同時，讚賞他們的人，也會主動和他們建立友誼，並願意在生意上和他們合作。

個人品牌能夠產生很大的影響力，這些影響力可以直接影響到目標市場的看法。如果你是品牌諮詢專家，那麼你在品牌方面的見解，就會影響想塑造品牌的企業，漸漸開始有些人找你爲品牌進行策劃。如果你是公關高手，需要公關的企業就會來找你……很多成功的人都歷經過這樣的品牌打造過程。

香港學者郎咸平以「炮轟」當時如日中天的投資集團德隆公司而揚名，因為他保護中小股民的理念，被媒體尊稱為「郎監管」。

後來郎咸平更陸續將砲口對準另一批中國著名企業：TCL、海爾、格林柯爾。他的觀點獨樹一幟並且有理有據，因此很多為他論點所折服的企業紛紛找他去講課。他也由於這些行為，在學術界樹立起自己特有的地位。

個人品牌是與人結識的橋樑，擁有強大的個人品牌，將能夠改變個人的發展模式。如今，藉著打造個人品牌，造就職場成功的案例數不勝數。

如果能刻意打造自己的個人品牌，把個人獨特的價值傳達給想與你合作的人，那麼你將會獲得非常大的收益。因此，讓別人覺得你見解獨到、有創造性，是打造個人品牌最重要的方式。

如果你在公司裡是一顆小螺絲釘，那麼你的「個人品牌」就是讓同事們知道你能做什麼，你會怎樣做，以及與你合作的最佳方式。個人品牌會讓人覺得你值得信賴，當你將品牌建立在準確的資訊之上，並把這些資訊傳達給目標市場，你就能獲得更多的成功機會。爲了塑造好的「個人品牌」，要從以下幾個方面著手：

一、不斷的努力

「努力」是職場上最被珍惜的美好特質之一。在職場上，大家都尊敬努力的人。大部分擁有「個人品牌」者，都有努力的特質。

二、不斷提升的專業能力

「擁有專業能力」就是絕佳的個人品牌，也是一種內涵的呈現。新技術總是不斷的推陳出新，我們必須與時俱進，增進專業能力就是「個人品牌」保持水準的方法！

三、充滿自信

即使面對未曾經歷的工作，也要有自信及勇氣去克服它。自信是一種絕佳的魅力，可以吸引他人的認同及跟隨。一個人若缺乏自信心，同時也會失去認同感，更不可能有「個人品牌」可言。自信可以經由培養而來，只要一點一點地累積成功經驗，即使只是小小的成功，也能累積你的自信。

四、不懈的學習

學習是延續「個人品牌」的手段。一個不斷學習的人內在總是豐富的，也會更容易擁有自信及謙虛的態度。學習本身就是一種樂趣，但如果你不這麼想，就算是以「功利」的角度來學習也不錯！

五、良好的溝通能力

「個人品牌」必須透過溝通傳達出去。你必須要有能力在大眾前面清楚的表達，透過文字傳達思想，也要學習站在他人的角度看事情，嘗試以對方聽得懂的語言溝通。爲了達到這個目的，傾聽是必要的！

六、管理能力

只有透過管理他人，才能將自己的理念更有效的傳遞。「管理」也是一種魅力，讓別人照著你的意思走。擁有「個人品牌」的人通常也能透過管理能力，將品牌及影響力擴大。

七、形象決定內涵

外表是重要的！當別人還沒有機會瞭解你的內涵，就會從你的外表開始判斷你。讓自己看起來清清爽爽、專業誠懇，以整齊俐落來傳達你充沛的精神和良好的態度。這是身在職場必要的努力。

八、從自己的強項開始

建立個人品牌，可以從自己的強項開始。每個人都有獨特的能力，這是最容易建立個人品牌的途徑。

如今，品牌影響著人們所生活的世界，打造個人品牌適合每一個人。想要立足這個市場，每個人都必須擁有清晰的品牌與獨特的個性。個人品牌是躋身這個時代最爲安全的路徑。

◆登門檻效應：從最快實現的那個目標做起

登門檻效應又稱得寸進尺效應，意思是說：一旦接受了一個微不足道的要求，此後爲了避免認知上的不協調，或只是爲了給人一致的印象，就有可能必須接受更大的要求。這種現象，猶如登門檻，要一級台階一級台階地爬，才更能順利地走進門檻。

心理學家認爲，在一般情況下，人們都不願接受較高難度的要求，因爲那既費時又費力且難以成功。人們總是樂於接受較小且較易完成的要求，在逐步實現較小的要求後，人們才願意慢慢接受較大的要求，這就是「登門檻效應」對人的影響。《菜根譚》中說：「攻之惡勿太嚴，要思其堪受；教人之善勿太高，當使人可從。」

在人際交往中，當我們要求某人做某件較大的事情又擔心他不願意做時，便可以從一件類似但較小的事情開始要求起。

一步一步提要求，請人幫大忙

孩子向媽媽要求「可不可以吃顆糖果」時，如果媽媽答應了他，他可能會提出進一步的要求，「那可不可以喝一小杯果汁呢？」媽媽通常還是會答應的。

心理學家指出，在對別人提出一個大要求之前，先提出相對容易接受的小要求，就會使人更容易接受進一步的較大要求。

推銷員大多運用此手段向客戶銷售產品。先提出一個較小的要求，一旦對方答應，再提出那個較大的要求，就會有更大的可能性獲得對方的接受。

當一個推銷員敲開顧客的門進行交談，其實就已經取得了第一個小小的成功。在這種情況下，如果能夠說服顧客買一件小東西的話，再提出進一步的要求，就很可能得到滿足。爲什麼呢？因爲既然顧客已經答應了一個要求，爲了前後一致，他的確會有較大可能性接受進一步的要求。

當你對人只是提出一個貌似「微不足道」的要求時，對方若拒絕就似乎顯得「不近人情」。而一旦接受了這個要求，就彷彿跨出了一道心理門檻，接下來想抽身似乎就有點難了。因爲接下來的要求，就和前一個要求有了順承關係，總是較容易順理成章地接受。這樣一來，就比一開始就提出比較高的要求，更容易被人接受。

在現實生活中，男士在追求心儀的女孩時，也不會在一開始就提出要與對方共度一生的約定。而是漸進式的，先從看電影、吃飯、一同出遊等開始，逐步達到目的。

社會心理學家做過一個經典而又有趣的實驗。他們派了兩個大學生去訪問加州郊區的家庭主婦。

首先，其中一個大學生先登門拜訪了一組家庭主婦，請求她們幫忙在一個呼籲安全駕駛的請願書上簽名。

這屬於社會公益事件，每年死在車輪底下的人不知道有多少！不就是簽個字嗎，太容易了。於是絕大部分家庭主婦都很合作地在請願書上簽了名，只有少數人以「我很忙」為藉口拒絕了這個要求。

接著兩週之後，另一個大學生再次挨家挨戶地去訪問那些家庭主婦。這次他除了拜訪前一位大學生拜訪過的家庭主婦之外，還拜訪了另外一組家庭主婦。與上一次任務不同的地方在於：這個大學生訪問時還附上一個呼籲安全駕駛的大招牌，請求家庭主婦們在兩周內將招牌豎立在各自的院子草坪上。

這是個又大又笨的招牌，與周圍的環境很不協調。按照一般的經驗，這個有點過分的要求很可能會被受訪者拒絕。畢竟，這個大學生與他們素昧平生，要求他們幫這麼大的忙，真的有些為難。

實驗結果是：第二組家庭主婦中，只有百分之十七的人接受了該項要求。但是，第一組家庭主婦中，則有百分之五十五的人接受了這項要求，遠遠超過第二組。

對此，心理學家的解釋是，人們都希望給別人留下前後一致的好印象。為了保證這種印象的一致性，人們有時會做一些理智上難以解釋的事情。

在上面的實驗中，答應了第一個請求的家庭主婦表現出樂於合作的特點。當她們面對第二個更大的請求時，為了保持樂於助人的形象，她們只能同意在自家院子裡豎一塊粗笨難看的招牌。

這個實驗告訴我們，人一旦接受了一個小要求之後，如果在此基礎上再提出更高一點的要求，那麼，這個人就傾向於接受更高的要求。這樣逐步漸進，就可以有效地達到預期的目的。

在人際交往中請求別人幫忙的時候，不妨運用「登門檻效應」，說不定會帶來意想不到的收穫喔。

漸進式樹立目標，從最容易實現的開始

明知不可爲而爲之，是一種盲目堅持。想實現自己的想法，就要制訂一個切合現實的計畫，結合實際情況，從最容易實現的目標開始做起，這樣不僅可以激發自己的行動力，做起事來也能感覺輕鬆，愉快。

有個小和尚跟師父學武藝，但師父卻什麼也不教他，只交給他一群小豬，要他放牧。

廟前有一條小河，每天早上小和尚都要一頭一頭地抱著小豬跳過河，傍晚時再一頭一頭抱回來。

小和尚在不知不覺中練就了卓越的臂力和輕功。原來小豬一天天在長大，小和尚的臂力也在不斷地增長，他這才明白師傅的用意。

小和尚的臂力和輕功的鍛鍊，正是一步一步，一點一滴累積而成的。在日常生活中，如果能巧妙使用「登門檻效應」，也可以收穫不菲的成績，爲自己帶來驚喜。

據報載，在一次一萬公尺長跑中，某國一位實力一般的女選手竟然勇奪桂冠。記者紛紛探問其秘訣，她說：「別人都把一萬公尺看做一個整體目標，我卻把它分成十段。在第一個一千公尺時，我要求自己爭取領先，這比較容易做到，因此我做到了；在第二個一千公尺時，我也要求自己爭取領先，這並不難，所以我也做到了……就這樣，我在每一個一千公尺都保持了領先，並超出一段距離，所以奪取了最後勝利。」

這個女選手把一萬公尺的漫長比賽分成了若干段，成功地奪取了最後的勝利。我們也可以像她那樣，把自己的夢想逐步分解成一個個可行的目標。當你把一個個目標完成時，夢想也就成了現實。

在現實生活中，我們的身旁經常會有一些人，每每提到目標，就喜歡定得越高越好，越有價值越好，越美越好。他們總是把前景描繪得那麼宏偉、那麼燦爛、那麼美好。至於今後會不會有未知情況或是可變因素，能否達到目標，通通都是另一回事了。

結果，除了某些人能實現目標外，大多數人都是不了了之，或是半途而廢，甚至根本折戟沉沙……

人來到這個世界上，總是想做一點事情，有一點成就。總是想闖出一番事業，有所建樹。甚至想創造豐功偉業，流芳百世。

切記不要好高騖遠，不要把目標定得過高，不要把未來想得過於美好。因爲，未來的可變因素太多，這世上未知情況難料。一定要從最能實現的目標入手，一步一步腳踏實地，堅持不懈地努力，才能實現目標，也才能體會到登頂時「一覽眾山小」的快感！

◆重複定律：

熱心腸貼冷屁股的隱形收益

所謂重複定律，意思是說只要不斷地重複，就會不斷地加強印象，直到最後變成一種習慣，進入潛意識而成爲事實。

在這個定律中，對未來的預期是影響行爲的重要因素。一種是預期收益：這樣做，將來有什麼好處；一種是預期風險：這樣做將來可能面臨什麼問題。這些因素都將影響接下來的策略。

在雙方談判的場合中，難免會遇到各不相讓，相互對抗的局面，這時如果一方做出合作的姿態，主動化解僵局，就能改變對方在接下來的談判過程中可能會採取的態度，使合作得以繼續，實現共同的長期利益。

熱臉貼冷屁股，關係改善並不難

當我們遇到的對象是位高權重或引人注目的人物時，對方多半展現出不屑和冷漠。這時，如果因為自尊或嫉妒而以同等的方式對待對方，往往會失去很多可能改善彼此關係的機會。

其實，人際關係的好壞，取決於雙方共同的態度，這在社會心理學上被稱為「相互性原則」。也就是說，人際吸引是互相的，排斥也往往是互相的。真正做事有心機的人，非常懂得用自己的熱臉去貼人家的冷屁股。

一位剛從師範大學畢業的女學生，碰到的就是這種情況。

她對新生活充滿憧憬，從都市來到偏僻的鄉村學校，卻發現校長和同事們對自己並無多大的好感，顯得淡漠。她急著想與幾位年齡相仿的女教師打成一片，但她們卻似乎總是迴避她，使她感到「格格不入」。

對於這位女教師，校長認為：她能捨棄城市的舒適生活到農村來，一定有其抱負，但來自大城市的小姑娘免不了有些嬌，不一定吃得了苦。她受過正規的教育訓練，知識當然足以擔任教師工作，不過從沒正式上過講台，教學經驗少。雖然長得漂亮，但舉手投足就是缺了一點鄉土的親切感，派頭、手勢都讓人看不慣。而且女老師再過幾年就要結婚生子了，到時根本不可能願意待在鄉下。

他根據種種推斷，決定了自己在初識階段所採取的態度：不大喜歡，也不厭惡，沒有特別的關心和熱情。這種態度與女教師心中的期望差了一截，她當然感覺到了校長的冷淡。

至於其他女同事，雖然年齡相仿，但無論生活經歷、想法、知識教養、興趣愛好、習慣等，都有許多明顯的差異。何況她們都是在當地長大的，已習慣自己的小圈子，不可能一下子接納她。

面對這種情況，女教師並不灰心。幾經努力之後，終於獲得了校長的好感和同伴的接受。

她的做法是：主動接近別人，尋找相互瞭解的機會。透過教學實踐、集體活動等，她儘量讓自己符合大家的習慣；在日常交往中，她也真誠平等的對待他人，熱心地幫助同事；自己若有困難也同樣求助於人；找到合適的交談機會時，她盡量讓別人瞭解自己的抱負、心願。她用實際行動縮短了與同事們的心理距離，給同事們機會瞭解她，並逐漸接受她。

這位女教師就是透過朋友來傳達友好的訊息。她首先在那群年輕女教師中找到幾位同仁先接近，很快就進入了這個圈子。而這個圈子對她的肯定評價，又進而影響了其他的同事。女教師的方式屬於「以熱對冷」漸進式的交往，使對方對自己逐漸升溫。

要相信別人也十分重視良好人際關係的建立，誰都不願意孤家寡人。當別人對你有誤解而冷落你時，與其自怨自艾，不如耐心等待機會，用熱臉儘快貼上去。

沒有那種法力，就不要去坐那朵蓮花座

做事要有長遠的打算，不要爲了眼前利益而放棄長遠的收獲，這一點在生活中應用廣泛。不要做自己無法勝任的事，就是其中之一。

做自己無法勝任的事，或許當下會得到一時的刮目相看和心理安慰，但隨著時間流逝，弱點就會逐漸暴露出來，甚至周圍的人都會對你產生很多不滿甚至蔑視。若是到了最後任務無法完成，讓長官失望了，自己的發展也將受到不良的影響。

美國有家大公司的總會計師，當年才三十五歲，才華橫溢，收入豐厚。他是在拿到會計學碩士後才來到現在這個職位的，但是此後他卻受到極大的挫折，每天憂心忡忡之下，最後不得不接受心理諮詢。

在心理醫生面前，他講述了自己的經歷。他在九歲和十七歲時，有過兩次成功經驗。一次是推銷雜誌，當時規模大到有好幾個小夥伴幫他一起推銷。另一次是和別人合開一家印刷廠，他擔任業務存下來的錢，足夠供他上大學了。這兩次都是成功的業務能力幫了他的忙。後來，他聽從父親的建議，在大學主修會計，然後他又靠著自己的業務經營能力半工半讀拿到了碩士學位。畢業之後，他立刻被這家大公司錄用，一路做到總會計師的位置。

可是，他的工作卻越來越經常受到指責，他碰到越來越多的挫折，常常有人說他沒有資格擔任總會計師的工作。他總是在一周工作結束之後才感到高興。結果，他的公司、同事對他的工作越來越不滿，他對自己也越來越沒信心。

心理醫生幫他解開了心結：原來他並沒有能力做總會計師。雖然他獲得了碩士學位，但他的興趣不在此。所以擔任一名普通會計人員，他或許還可以勝任，但總會計師一職則超出了他的能力範圍。

諮詢過後，他終於想通了，主動向公司請辭總會計師一職，轉到銷售部。這家公司失去了一個名不副實的總會計師，卻得到了一個頂尖的銷售管理人員。

每當他談起這件事情，他總是說：「永遠不要做你自己無法勝任的事。那樣做首先會害了你自己，你將變得不快樂並且憂心忡忡，因為你做的都是你無法完成，或者是只能勉強完成的事。而且你也傷害了因為信任你才委託你辦事的人，這樣反而是更大的損失。」

「法力」足夠才能坐上「蓮花座」。如果能力不夠高強，就意味著無法完成工作。在你不具備某種能力的情況下，攬下工作，結果只會耽誤事情。不但影響到自己的聲譽，還會讓別人覺得其實你根本就不行！

Chapter.

04

化解僵局，主動出擊掌握談判權益

◆鉗子策略：你只需說一句話，談判就能成功

鉗子策略是商務談判中非常有效的策略，一旦發揮，效用其效果一定會讓你感覺很神奇。這種策略非常簡單，只要告訴對方：「你們必須做得更好」就可以了。

談判桌上每省一塊錢都是額外收入，所以每次接到報價單時，談判高手的第一反應通常是：「你一定可以給我更好的價格！」接下來便是保持沉默。令人驚訝的是，沒有經驗的談判者通常很快會做出讓步。

遇到客戶對你使用這種策略時，你也不妨立刻反問對方：「你到底希望我給出怎樣的價格呢？」說完之後便一個字也不要再說了，接下來除非對方提出具體的報價，否則千萬不要輕易作出讓步。

鉗子策略證明了談判過程中，並非舌燦蓮花的一方就能佔據優勢，在關鍵時刻，只要一句話就能決定是否成功。

向對方發出調整的指令，然後保持沉默

在談判過程，由於談判雙方都是從自身的利益和角度出發，想改變對立的態度，僅靠某種優勢或壓力是遠遠不夠的。因爲談判的結果必須是自願平等，而且是雙方共同接受的。因此，想談判成功，必須在掌握主動權的同時，也採用各種策略和技巧來說服對方，最後達成交易。

有一家食品加工公司，他們的客戶都是一些小型超市。最近食品公司接觸了一家新的超市，超市老闆在電話中仔細聽完價格標準後，一再表示他們和現在的供應商相處得很好，並沒有更換的打算。但食品公司的業務並不急於要求答覆。

過了幾天，超市老闆表示或許可以考慮一下。他們說：「我們真的對現在的供應商十分滿意，不過再找一位後備供應商也沒什麼害處，這樣可以讓他們更加努力。如果你能

把價格降到每箱一百元，我想我可以先進一卡車。」

這時，食品公司業務冷靜地告訴對方：「十分抱歉，我想你應該可以提出更好的價錢。」

超市老闆也不甘示弱，立刻回應道：「到底是什麼價格呢？」本意是想透過這種方式，逼對方說出具體的數字。

食品公司業務一聽到這個問題，就把底價給報了出來。

食品公司在這次談判中輸了一局。當超市方面說完「到底是什麼價格」這句話之後，就已經達到目的，便什麼也不說了，迫使食品公司立刻作出讓步。

通常在使用鉗子策略時，無論對方是報價還是還價，你只要說一句：「對不起，你必須調整一下價格」，然後就閉上嘴巴。美國國務卿亨利・季辛吉就是使用鉗子策略的高手。

越南戰爭期間，美國國務卿季辛吉曾經要副國務卿準備一份關於東南亞政治形勢的報告。副國務卿非常認真地完成了工作，準備了一份非常自豪的報告。還用皮革做封面，燙上了金字。

結果呢？季辛吉很快就把報告退了回來，上面寫道：「你應該做得更好一些。」

於是副國務卿又補充修正，搜集了更多資訊，添加了更多表格，然後再次呈交給季辛吉。這次他相信自己的報告應該會讓季辛吉滿意了。但季辛吉的仍舊批覆：「你應該做得更好一些。」

這下可麻煩了。副國務卿感覺自己遇到一個很大的挑戰。他召集手下加班，決心要做出一份季辛吉迄今為止見過最好的報告。

當報告終於完成時，他決定親自交到季辛吉手上：「季辛吉先生，這份報告被您否決了兩次。全部人馬加班忙了兩個星期，這次千萬不要再打回票了。我不可能做得更好，這已經是我的最高水準了。」

季辛吉冷靜地收下報告，放在自己的辦公桌上說道：「好吧，既然這樣，我會看這份報告的。」

沉默不僅能夠迫使對方讓步，還能掩飾自己的底牌。在你沒弄清對方的意圖前，不要輕易表態。在正常的談判中，最開始都會有兩種解決方案，也就是你的方案和對方的方案。你的方案是已知的，如果你不清楚對方的方案，就要在提出己方報價後，務必要設法瞭解對方的方案，再做出進一步的行動。

任何一個買家都不會輕易地丟掉一筆好交易。他們之所以拒絕你，只是因爲他們在試圖瞭解你的底牌。所以無論出現何種情況，最好都再堅持一下，也許並不會造成什麼損失。

言語木訥者是最傑出的談判家

任何談判都要注意效益，要在有限的時間內解決各自的問題。有些談判者口若懸河、妙語如珠，總能在談判過程中以絕對優勢壓倒對方。但談判結束後卻發現並沒有得到多少，結果令人失望，與談判中氣勢如虹的表現不相匹配。可見在談判中多說無益。

朱熹曾說：「放言易，故欲訥；力行難，故欲敏。」這句話是說：不做言語的巨人，行動的矮子。從歷史來看，言語的訥者，行動的敏者，才是真正的智者。

小惠是一個律師。有一次參加一場不算輕鬆的國際談判，最後一天從晚上九點鐘，一直談到深夜一點鐘，雙方還在談判桌上僵持不下。對方有一個人出言不遜。

小惠想：我們怎麼可以讓他這麼放肆呢？於是，小惠馬上回敬一句同樣略帶諷刺的話。氣氛馬上僵硬了起來。還好，對方有一個人說：「大家累了！休息五分鐘吧！」他這一句話，化解了尷尬。

同時，小惠也立刻驚覺自己犯了兵家大忌，為逞一時口舌之快，把談判的有利位置拱手讓給別人。當然，經過了五分鐘的緩衝時間，這項協定以對方所希望的條件達成了。

詩曰：不智之智，名曰真智。蠢然其容，靈輝內熾。用察爲明，古人所忌。學道之士，晦以混世。不巧之巧，名曰極巧。一事無能，萬法俱了。露才揚己，古人所少。學道之士，樸以自保。在談判桌上，「不說話的人」有時才是最傑出的談判家。

辦公室裡有個好鬥的女孩，很多同事被她攻擊之後，不是辭職就是請調。一天，她的矛頭指向了一個平日只是默默工作，話並不多的女同事。

誰知那位女孩只是默默地笑著，一句話都沒說。最多偶爾問一句：「啊？」

最後，好鬥的女孩主動鳴金收兵，但也已經被氣得滿臉通紅，一句話也說不出來。

過了半年，這位好鬥的女孩子也主動辭職了。

很多人或許會覺得，那個沉默的女孩修養實在太好了。其實不是這樣的，那位女孩的聽力不太好，雖然在不至於不理解別人的話，但回應總是慢半拍。當她在仔細聆聽並思索時，臉上習慣性便會出現無辜、茫然的表情。

那個好鬥的女孩子對她發作起來那麼費力，得到的回應卻是茫然的表情和不解的答覆。難怪好鬥的女孩鬥不下去，自己收兵了事。

這個故事傳達了一個事實：面對沉默，所有的語言力量都會消失！你可以不用言語攻擊別人，但保護自己的機制一定要有，這種時候最好的做法就是：裝聾作啞！

聾啞之人不會和人起爭鬥，因爲他聽不到也說不出。別人也不會找這種人鬥，因爲鬥了也是白鬥。如果一再挑釁，只會凸顯自己的好鬥與無理取鬧。因此面對沉默，這種人多半會在幾句話之後就倉皇敗退，離開現場！如果還顯現出一副聽不懂的樣子，更能讓對方敗走！只不過大部分人都做不到裝聾作啞，一旦聽到不順耳的話就會回嘴。其實一回嘴，就中了對方的計。

世界紛繁複雜，真真假假。看起來一臉聰明相的人，其實愚蠢至極；看起來英俊瀟灑，卻是外強中乾；看起來占盡便宜，其實是滿盤皆輸。《老子》中寫道：「大真若屈，大巧若拙，大辯若訥。」意思是說：最正直的東西看起來好像是彎曲的；最靈巧的東西卻好像很笨拙；最卓越的辯才卻似根本不會說話。所以，要想成爲傑出的談判家，口才只是其中一個要素，內在修爲才是最重要的。

◆沉錨效應：引導勝於強迫，讓策略助你成功

沉錨效應，一般又叫錨定效應，意思是以一個位置爲錨，其變動範圍就會受這個錨的限制。所以這個錨的位置其實已經大約決定了最後的結果。這個效應常應用在商務談判中。

沉錨效應指的是人們對某人某事做出判斷時，很容易受第一印象或第一資訊所支配，就像沉入海底的錨一樣，把人的思想固定在某處。

「沉錨效應」就是思維的定見，遇事不由自主地將認知落在第一資訊上。這是很常見的心理現象，成語「先入爲主」就是這個意思。作決定時，大腦會對最先得到的資訊給予特別的重視。這些印象就像沉入海底的錨一樣，把的思維固定在某一處。接下來在面對新情況時，固化的思維與習慣就會造成自我設限，導致無法與時俱進。

第一印象所打下的烙印的確深刻，如不以辯證的態度看待，它就會像一隻無形的巨

手，強有力地影響我們的思維。

聰明的談判者很善於利用這種沉錨效應來達到自己的目的。他們會選擇有利的資料來說服對方，讓他們屈服。因此在談判時，我們應該不要受到對方所設「沉錨」的影響，同時也要學會尋找恰當的時機，爲對方設定「沉錨」。這樣才能使自己處於更有利的位置。

您是加一個雞蛋還是加兩個雞蛋

商務談判中，雙方都是以自身利益最大化爲目標。在追求利益的過程中，強制不是最好的方法，所以如果在談策略裡加一點「沉錨效應」，你的勝算也會多添幾分。

西城區的一條小街上，有兩家賣粥的小店，就分別稱之為甲店和乙店好了。兩家小店，無論是地理位置、客流量，還是粥的品質和服務水準，兩家都差不多。而且從表面上看起來，兩家的生意也一樣好。但是每天晚上結算的時候，甲店總是比乙店多賺個幾百元。為什麼會這樣呢？差別只在服務小姐的一句話。

每當客人走進乙店時，服務人員熱情招待，盛好粥後便問客人：「請問您加不加雞蛋。」有的客人說加，有的客人說不加，大概各占一半。

而當客人走進甲店時，服務小姐同樣熱情招呼，同樣禮貌地詢問客人。但她們問的不是「您加不加雞蛋」，而是「請問您加一個雞蛋還是兩個雞蛋？」

面對這樣的詢問，愛吃雞蛋的客人就會要求加兩個，不愛吃的就會回答一個就好。當然也有要求不加的，但是很少。因此一天下來，甲店總會比乙店多賣出一些雞蛋，營業額自然就會高一些。

運用沉錨效應進行有效的引導才是最佳策略。人們在做決策時，思維往往會被第一資訊所左右，第一資訊就像沉入海底的錨一樣，把你的思考方式固定在某處。在乙店中，讓你選擇「加還是不加雞蛋」；在甲店中，「是加一個雞蛋還是加兩個」。這就是第一資訊不同，使你作出的決策就不同。

我們完全可以運用這種「沉錨效應」，以引導的方法獲得事半功倍的效果。

假如你是一位上司，某個下屬看起來似乎接受了任務卻不知道如何完成，有沒有辦法使他按照你的意思去做？

還有，你主持的團隊老是鬼混，議而不決，有沒有辦法讓他們早點作出決定？又如，你的孩子要吃巧克力，可是你不喜歡孩子吃太多甜食，有沒有辦法讓他將心思放在更有益健康的食物上？

如果運用「沉錨效應」，就可以應付上述難題，但前提是必須先提供不同的選擇，才能給予正確的引導。

再明智的上司，都不可能掌握每一個細節，所以才會需要下屬幫忙。這時激勵下屬的方法可以這麼說：「我們的工作出現了一些問題，我覺得由你處理比較合適。你看是用甲方法好，還是用乙的方法好？」

在這裡，誰是上司呢？下屬會覺得自己是上司。但其實選擇是你提出的，只是給了下屬選擇權，他就有做主的感覺。這種感覺會使他們更熱愛工作、熱愛公司，並且減少失職。雖然下屬的責任重了，但正是因爲責任感，才會全力去完成。

在商務談判中，對事物的分析不應局限在某一方面，不應停留在某一模式，更不應固守在某一狀態。應該善於追蹤思考，依據獲取的最新資訊，對過去的結論進行重新評估，保留正確資訊，修補殘缺遺漏，及時跟上進度，並且不斷拓寬發掘廣度與深度。這樣一來，就能更篤定達成目標了。

打破思維定勢，不做經驗的奴隸

沉錨效應常常在不自覺中被人們應用。比如：我們有時會特別在意和誰在一起做事；在公眾場合亮相時，誰站在我們身邊。因爲這一切都會影響到別人對我們的評價，成爲評定個人價值的基準。

美國第一任總統華盛頓早年有件丟馬逸事。他就是利用反向思考，巧妙地找回了自己的馬。事情是這樣的：

有一天，華盛頓的馬被人偷走了。儘管華盛頓知道是附近鄰居偷的，卻苦於沒有證據證明那是自己的馬。

華盛頓先去警察局報案，並說明自己的懷疑。在員警的陪同下，來到偷馬鄰居的農場。華盛頓果然看到了自己的馬。可是，鄰居死也不肯承認這匹馬是華盛頓的。

華盛頓靈機一動，就用雙手將馬眼睛捂住說：「如果這是你的馬，你一定知道牠哪隻眼睛是瞎的。」

「右眼。」鄰居回答。

華盛頓把手從右眼移開。馬的右眼一點問題沒有。

「啊，我弄錯了，是左眼。」鄰居趕忙改口。

華盛頓又把左手移開，馬的左眼當然也沒有毛病。

鄰居還想申辯，警員卻說：「什麼也不要說了，這還不能證明馬不是你的嗎？」

鄰居之所以被識破，就是因爲華盛頓利用了沉錨效應，讓鄰居先受到「馬有一隻眼睛瞎了」的暗示，才致使鄰居猜完了右眼換猜左眼，完全沒想到馬根本沒瞎。華盛頓真是聰明，利用沉錨效應設計了一個陷阱，要回自己的馬。

聰明的談判者總是會特別注意不爲對方提議所限，同時尋找恰當時機，爲對方設定「沉錨」，使談判傾向有利於自己的方向，以達到目的。

不過在實際生活中，人們總是會受「沉錨效應」的影響，陷入別人爲我們所設定的「沉錨」中。並且一旦做下某種選擇，慣性的力量就會不斷強化，並且形成根深蒂固的思維。久而久之，甚至會淪爲經驗的奴隸。

一艘遠洋海輪行使在汪洋大海中。由於天候惡劣，失去了方向，不幸觸礁。幾名倖存下來的水手拼死登上一座小島活了下來。但這個小島的生存條件惡劣，除了石頭還是石頭，沒有任何可以充饑的食物。更要命的是，烈日曝曬下，每個人都渴得快冒煙了，這裡根本沒有淡水。

於是他們只好寄望別的船隻能夠路過這裡，救出他們。等待的時間好漫長，情況並沒有任何變化，老天也沒有任何下雨的跡象，更沒有任何船隻經過這個死寂的島。漸漸地，他們撐不下去了。

水手們相繼渴死。當最後一位水手快要渴死的時候，他想反正無論如何都是死，不如喝點海水吧，至少可以暫時緩解喉嚨那股似火的感覺。於是他撲進海水裡，咕嘟咕嘟地喝了個飽。

喝完海水，他竟一點也不覺得苦澀，反而覺得非常甘甜，非常解渴。他想：也許這是渴死前的幻覺吧。他靜靜地躺在島上，等著死神的降臨。

然而，一覺醒來之後卻發現自己還活著。疑惑之餘，他依然每天靠著喝海水度日，終於等到了救援的船隻。

後來人們化驗這裡的海水發現，由於地下泉水不斷翻湧的關係，眼前的海水根本都是可以飲用的泉水。

正常情況下，海水當然是不能飲用的，這件事在我們腦中已經是根深蒂固的觀念了。故事中的水手就是在這項認知的影響下，根本沒有做過任何嘗試，就認定海水是不能喝的，直到臨死都不知道那海水其實是清甜可口的泉水。

在生活中，類似現象並不少見，經驗經常是我們判斷事物的唯一標準。隨著知識的累積、經驗的豐富，我們變得越來越循規蹈矩，思維的制約成爲人類的一大障礙。

當日常生活被這種習慣性的制約所支配時，「習慣成自然」的確便利，但若總是用僵化的觀點來認識外界事物，卻很有可能導致傷害。爲了做一個心靈自由的人，我們必須打破慣性思維的制約，不要做經驗的奴隸。

◆懸崖策略：讓對手別無選擇

每個人都有弱點，正如每一座城堡的牆壁上都有裂縫一樣。弱點通常是不安全且無法控制的。只要找到弱點做文章，用別人最擔心最恐懼的事情作爲要脅，便不難將其制伏。

所謂抓刀要抓刀柄，制人要拿把柄。在談判中，一旦發現對方的弱點，就要設法讓該弱點爲己所用，往往能產生奇效。這時，如果善於運用「懸崖策略」，抓住制約對方態度行爲的要點，指明癥結所在，幫忙分析利弊得失，指出解決的途徑，就能吸引對方聽取自己的意見。

在談判中，想把對方逼入死角，最好的辦法就是釜底抽薪，直逼要害，斷其後路，讓對手別無選擇地認輸。

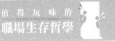

釜底抽薪，直逼要害

鍋裡的水沸騰，是靠火的熱能，而木柴則是產生火的原料。止沸的辦法有兩種：一是揚湯止沸；二是釜底抽薪。古人說：「故揚湯止沸，沸乃不止；誠知其本，則去火而已。」

談判雙方進行論辯所持的論點，都有一定的證據支持。如果將證據抽掉，那麼他的論點就會轟然倒塌，這樣一來你就能搶得談判優勢。

若能直接指出對方論點的虛假最好，但當情況還不明朗時，我們也可以創造條件，戳穿對方的虛假論點。要領就是以某種行動為證據，同時輔以一定的語言進行論證。

有一天，李老頭家丟了一頭六十多斤的豬，懷疑是鄰村一個叫矮冬瓜的人所偷，於是告到了縣衙。

聽過原告申訴，知縣問被告是否屬實。

矮冬瓜說：「豬走得慢，偷豬人怕被發現，一定不敢趕豬的。所以他們偷豬時，總會將豬背在肩上。你看小人瘦骨嶙峋，手無縛雞之力，如何背得動這頭肥豬呢？」

知縣打量了他一會兒說：「確實如此，我聽說你向來清白無辜，又可憐你家中貧困。這樣吧，現在賞你一萬錢，回家好好做點小本生意，切莫辜負我的一片苦心。」

矮冬瓜得到錢，連連磕頭謝恩，把錢理好後，就俐落地套在肩上，轉身要走。

知縣喝道：「慢！矮冬瓜，這一萬錢不止六十斤吧？」

矮冬瓜一愣，掂了掂說：「嗯，差不多。」

知縣冷笑道：「你既說自己手無縛雞之力，怎麼如此重的錢卻像沒什麼似地背上就走？可見那六十斤重的豬你也是背得動的。」

矮冬瓜無法抵賴，只好招供了自己的罪行。

無論在談判桌上還是在辯論台前，都有可能碰到咄咄逼人或是氣勢洶洶的對手，其語言攻勢如同鍋中熱水，令現場沸騰。面對這種情況，當務之急就是抑制對方逐漸高張的氣勢，而最佳方法就是抽去「鍋下的柴火」，從根本開始解決問題。

單刀直入，開門見山

在辯論中，單刀直入的方式很常用。尤其在面對話題或對手較爲特殊，使自己難以組織理性的攻擊時，就可以採用這種較簡便但又能懾服對手的戰術。

開門見山式的辯詞通常必須事先準備好。在參與辯論之前，對題目或對手的實力先進行過理性分析，定下一兩句能讓對方躲閃不及又必須正視的辯詞來，以此攪亂對方心態，使之在慌亂中做出對自己不利的反應。

在充分研究過題材，並且掌握對方情況的前提下，一開始就抓住要害、單刀直入、開門見山，往問題的核心進攻，趁敵方未加防範時，先讓對手失去平衡，以奪取優勢，獲得先機之利。

戰國時代，齊國的孟嘗君主張合縱抗秦，門客公孫弘對孟嘗君說：「您不妨派到西方觀察秦王，若秦王是個能夠擔當帝王重任的君主，您恐怕連擔任其屬臣都不可能，哪顧得上跟秦國作對呢？若秦王是個不肖之君，到時您再合縱與秦作對，也不算晚。」

孟嘗君說：「好，那就請您去一趟。」

公孫弘便帶著十輛車前往秦國去探查動靜。

秦昭王聽說此事，便想用言辭羞辱公孫弘。

公孫弘拜見昭王，昭王問：「孟嘗君的地盤有多大？」

公孫弘回答說：「方圓百里。」

昭王笑道：「我的國家土地縱橫數千里，尚且不敢與人為敵。如今孟嘗君就這麼點地盤，居然想與我對抗？」

公孫弘說：「孟嘗君喜歡賢人，而您卻不喜歡賢人。」

昭王問：「孟嘗君喜歡賢人，怎麼講？」

公孫弘說：「能堅持正義，在君主面前不屈服，不討好諸侯，得志時不愧於為人主，不得志時不甘為人臣。像這樣的人，孟嘗君身邊就有三位。善於治國，可以做管仲、商鞅的老師，如果聽從其主張並施行，就能使君主成就霸王之業，像這樣的人，孟嘗君身邊有五位。充任使者，遭到擁有萬輛兵車的君主侮辱，仍然像我這樣敢於用自己的鮮血濺灑對方衣服的人，孟嘗君身邊有十個。」

秦昭王笑著道歉說：「您何必如此呢？我對孟嘗君的態度是友好的，並且也準備以貴客之禮接待他，希望您一定要向他說明我的心意。」公孫弘答應後回國了。

有的時候，一句話就能定輸贏。緊緊抓住要點，一針見血，就能給人簡潔、幹練的感覺，冗長的客套話往往會引起反感。

因此在一般情況下，開門見山是最好的方式，因爲這種方式最不好對付。對方在慌亂中，往往會出現詞不達意或越描越黑的情況，這樣一來，發問者便可輕而易舉地將對手擊敗。

開門見山的表達方法，可以傳達出自己的信心和不可動搖的信念，並以一定的口吻促使對方改變主意，停止猶豫，不因細微末節而在關鍵性的問題上和你抗衡。

開門見山的戰術在辯論場合中常以發問形式出現。如果對方避而不答，便可追問他們不答覆的理由，因爲不管發展如何，發問者早就已經準備好了。

◆ 最後通牒策略：不行就拉倒

最後通牒策略是指當談判雙方因某些問題糾纏不休時，處於有利的一方向對方提出最後的交易條件，對方不是接受就是退出，以此迫使對方讓步。

最後通牒策略通常都是以強硬的形式出現，不到最後不得已才會用這個策略。因爲其結果很可能不是中斷談判，就是促使談判成功。畢竟一般來說，談判雙方都有所求，誰都不願白白花費精力和時間空手而歸。特別是在商務談判中，任何一方一旦退出談判，等在一旁的競爭者馬上就會取而代之。

使用最後通牒策略必須慎重，因爲這是一種將對方逼到絕境的策略，很容易引發對方的敵意。但也極有效，經常能擊敗猶豫的對手，並產生決定性的影響力。

祭出「最後通牒」，讓他不得不屈服

有時談判會進入艱難的拉鋸戰，對方似乎完全拋開談判的截止期限不管了。此時，你的最佳防守兼進攻策略，就是出其不意地發出最後通牒，並提出時間限制。

這個策略的主要方式是在談判桌上給對方一個突襲，使對手在毫無準備且無法預料的形勢下不知所措。本來認爲時間還很寬裕，但突然聽到終止談判的最後期限，而談判的成功與否又與自己關係重大時，對方一定會感到手足無措。這樣一來，就很有可能因爲資料沒有充分準備，在經濟利益和時間限制的雙重驅動下，不得屈服。

美國汽車大王艾柯卡在接管瀕臨倒閉的克萊斯勒汽車公司後，認為第一步必須先壓低工資。他首先將高階主管的工資降低百分之十，自己也從年薪三十六萬美元減為十萬美元。隨後他對工會會長說：「每小時十七元的工作有很多，每小時二十元的工作一件也沒有。」

這種充滿威嚇且毫無策略的話當然不會奏效，工會當即拒絕了他的要求，雙方僵持了一年始終沒有進展。後來艾柯卡心生一計，突然對工會代表們說：「你們這樣罷工，使得公司無法正常運轉。我已經跟外籍勞工輸出中心通過電話，如果到了明天上午八點你們還不願意開工的話，就會有一批人頂替你們的工作。」

工會談判代表當下亂了陣腳，他們本來還要計畫下次談判的主題將就工資問題取得新的進展，一直都只針對這個議題準備資料而已，沒想到艾柯卡竟然突然來這一招！

解聘就意味著失業，這可不是鬧著玩的。工會經過短暫的討論之後，幾乎接受了艾柯卡的所有要求。

艾柯卡經過一年都沒有辦法贏得工會支持，這出其不意的一招竟然奏效了，而且解決得乾淨俐落。

所謂「最後通牒」，常常是在談判雙方僵持不下，對方不願讓步時所採用的策略。如果其中一方根據談判內容發出了最後通牒，另一方就會考慮是否準備放棄機會，犧牲已經投下的談判成本。

美國底特律汽車製造公司與德國進行商業談判時，就是運用最後通牒策略達到談判目標的。

當時，由於雙方意見不一致，談判近一個多月都沒有結果。這時其他國家的訂單又源源不斷的進來。底特律汽車公司總經理下了最後通牒，他說：「如果貴方還遲遲不下定決心的話，五天之後就沒有貨了。」

眼看需要的零件就要搶購殆盡，德方不由得焦急起來，立刻接受了談判條件。於是，一場持久的談判終於結束。

美方使用的就是最後通牒法，迫使對方屈服。

可見，在某些關鍵時刻，最後通牒策略還是大有裨益的。但也並非屢試不爽，一旦被識破，最後通牒可能會反作用到自己身上來。所以，祭出最後通牒時，一定要注意語言上的技巧。

一、提出時間限制

明確、具體的時間限制就是其中關鍵。不可說「明天上午」或「後天下午」，應該說「明天上午八點鐘」或「後天晚上九點鐘」等具體的時間。這樣才會讓對方有時間緊迫的感覺，削減其僥倖之心。

二、發出最後通牒的言辭要委婉

盡可能委婉地發出最後通牒。最後通牒本身就具有很強的攻擊性，如果再加上言辭激烈，可能極度傷害對方的感情，對方便很可能因爲一時衝動鋌而走險，甚至退出談判，這對雙方都不利。

三、出其不意，提出最後期限

提出最後通牒時，語氣必須堅定，不容通融。模棱兩可的話語，會使對方心存僥倖，以致不願簽約。利用堅定有力、不容通融的語氣，替他們下定最後的決心。

「最後期限」也是一種通牒

談判一定都有期限，到了期限的最後一天仍不能簽約就算是失敗的談判。就算在期限的最後一天簽約，也算成功。若用了精明的談判人才，甚至可以提早簽約。

很多人都想知道提前簽約是如何做到的。這些人才有一個最常用的手段，就是在談判快結束並即將達成協議時，在「最後期限」上動手腳。

談判雙方在協定簽約後即可以開始運作，其中雙方何時交易，也會有最後的期限。這個期限對於買賣雙方，既是保障也是制約。

在購屋合約中，向買主交付房屋的最後期限對買方而言就是保障，對賣方而言就是限制；而買主向賣主付款的最後期限，就是賣方的保障，買方的限制。只要期限一到，就必須做出最後的決定。如果對完成此項工作的日期估計有誤，在最後期限之前還不能完成交易的話，就要再次舉行談判，要求放寬期限。如果對方拒絕修改協議，那你也只好承擔責任。

有一家出版公司在好萊塢推出電影《鐵達尼號》大紅時，準備趁機製作一本電影畫冊。各地書商聽說此資訊，紛紛與該公司聯繫，想爭取獨家發行權。為避免風險，各承銷商紛紛與該公司簽約，要求到貨的最後期限為二十天。

出乎意料的是，這本畫冊才印了一半，機器就壞了。等機器修好後，工廠當然開始連夜加班，終於趕在最後期限前將書印出來。但是，所謂的最後期限當然不只是將書印完而已，還包括把貨運到承銷商手裡。

《鐵達尼號》畢竟是好萊塢製造出來的愛情故事，風潮很快就會過去。各承銷商得知此事後，有的要求減少訂單數量並且降低折扣，有的乾脆宣佈此合約無效。可是那家出版公司根本不可能預測到印刷廠會出問題，當時與印刷廠只是口頭說定完成時間，並未簽約。儘管這家出版公司費了很大的力氣，最後還是賠了一大筆錢。

就這件事本身而言，該出版公司因最後期限的制約只好依約賠錢；各地承銷商的利益則因爲合約最後期限的保障，未受到影響。這就是最後期限的作用。期限到了，就不得不做出決定。不在期限內完成，就算違約，必須承擔後果。

當然，談判的最後期限也有可能可以靈活變動。因爲對不少行業而言，最後期限只是爲了盡可能督促對方，並不是真的存心要懲罰對方。所以在協議書上簽字之前，一定要搞清楚雙方所定的最後期限是否有任何轉圜的空間。記住，事情隨時都有可能發生變化，在簽訂協定時，最好別讓最後期限成爲枷鎖。

最後通諜策略能夠成功，必須具備以下五個條件：

一、送給對方最後通牒的方式和時間要恰當

在送出最後通牒前，讓對方在你身上先做些投資。例如：先在次要問題上達成協議，或先消耗對方的時間精力。等到對方的「投資」達到一定程度，你就可以拋出最後通牒，使對方難以抽身。

二、最後通牒的言辭既要達到目的，又不至於鋒芒太露

言辭太鋒利容易傷害對方的自尊心，最後多半會自討苦吃。留有餘地的最後通牒，替對方留下退路，相對容易於被對方所接受。例如，「貴方的道理完全正確，可惜我們只能出這個價錢，能否再融通一下。」

三、拿出一些令人信服的證據，讓事實說話

如果能拿出道理來支持自己的觀點，那就是最聰明的最後通牒了。例如：「你的要求並不過分，我非常理解，只是我方財務制度不允許。」這樣的說法就不錯。

四、最後通牒內容應該具備彈性

不要將對方逼上梁山，應該設法讓對方在最後通牒中選擇一條出路，至少在對方看來是兩害相權取其輕。

五、讓對方有考慮或請示的時間

在商務談判中，想讓對方放棄原來的條件與立場一定需要時間。因此送出最後通牒後，還要爲對方留下考慮的時間，這樣也可減輕敵意，不至弄巧成拙。

物以稀為貴，下最後通牒

一般我們在賣東西的時候，可以「物以稀爲貴」的方式鉗住對方。既然商品稀有，買方就沒得比較，甚至如果商品只有你獨家出售，那就不妨借此機會，下最後的通牒。

一位商人準備出售三幅名家畫作，恰好被一位美國畫商看中。這位美國人自以為很聰明，他認定：既然這三幅畫都是珍品，必有收藏價值。假如買下這三幅畫，經過一段時間後肯定會漲價，到時一定會發一筆大財。於是美國人下定決心，無論如何也要買下這些畫作。

打定主意後，美國人就問商人：「先生，你的畫不錯，請問多少錢一幅？」

「你是只買一幅呢，還是三幅都買？」商人不答反問。

「三幅都買怎麼算？只買一幅又怎麼算？」美國人開始打起算盤了。他打算先和商人敲定一幅畫的價格，然後再順便把其他兩幅一同買下，這樣一定可以便宜點。

商人並沒有直接回答他的問題，只是露出為難的表情。

美國人沉不住氣了說：「你開個價，三幅一共要多少錢？」

這位商人感覺到這位美國人一定喜歡收藏古董名畫，肯定會出高價買下。並且從這個美國人的眼神，他知道對方三幅畫都想買。

於是商人漫不經心地回答：「先生，如果你真想買的話，我就便宜點全賣給你了，每幅三萬美元，怎麼樣？」

美國人當然也不是省油的燈，他一美元也不想多出，便和商人討價還價起來，一時談判陷入僵局。

忽然，商人怒氣沖沖地拿起一幅畫就往外走，二話不說就把畫燒了。美國人眼看著一幅名畫被燒，心痛極了。他問商人剩下的兩幅畫賣多少錢。想不到商人更強硬了，少於九萬美元就不賣。

少了一幅畫，還要九萬美元。美國人覺得太委屈，要求降低價錢。但商人才不理會這一套，又怒氣衝衝地拿起一幅畫燒掉了。

這回美國人大驚失色，只好乞求商人不要把最後一幅畫燒掉，因為自己實在太愛這幅畫了。接著，他又問這最後一幅畫多少錢。

想不到商人開口竟要十二萬美元。商人說：「如今只剩下一幅了，可說是絕世之寶，價值大大超過三幅畫都還在的時候。因此現在我告訴你，如果你真想要買這幅畫，最低是十二萬美元。」

美國人一臉苦相，只好成交了。

那位賣畫的商人深諳物以稀爲貴，並且也很清楚對方真的想買畫，所以自己在這場談判中早已佔據了主導地位。談判陷入僵局後，他機智地利用了對方愛畫的心理，連燒兩幅畫，並且抬高原來的價格，終於能夠高價成交。

可見在談判過程中，以「物以稀爲貴」作爲後通牒，往往能產生事半功倍的效果。

Chapter.

05

玩轉辦公室政治，不做職場傀儡

◆同理心效應：來自職場密友的暗箭最難提防

同理心的意思是說，站在別人的角度來看問題，假想自己在對方的立場上思考，並根據這點作爲應對的基本原則。說簡單一點就是你對我如何，我就對你怎樣。中國人尤其不善表達自己的想法，經常用暗示的方式讓對方去猜。

「同理心」既反映出人性中善的一面，也暴露了一些弱點。職場中難免會遇到小人射來的「暗箭」，爲了提防，就可以運用同理心來與對手周旋。

小心職場「暗箭」傷了你

在人際相處中，「同理心」扮演著相當重要的角色。用「同理心」作爲與人交往的方針，就能夠引導我們學會易地而處，學會設身處地的理解他人的情緒，感同身受地體會身邊人的處境，並適切地回應其需要。

能夠掌握住他人目的，就是實現個人目的的關鍵。而「換位思考」，則是我們掌握住他人目的的關鍵。因此，想要更精準快速的達成目標，一定要學會換位思考。經常站在他人的立場，不斷瞭解各方意見和需求。

一位剛畢業的大學生，進入一家電腦公司工作。他還是新人，對一切都不太瞭解，而且大家都很忙，也沒有人有空來協助他。就在他不知如何是好的時候，有位同事非常熱心地照顧他，兩人成了好朋友。

日子一久，他發現這位同事經常抱怨公司。一開始他只是傾聽對方的牢騷，後來工作一忙，壓力過大，難免自己也有些情緒，於是也開始對發起公司和主管的牢騷來了。他心想：反正對方也會罵公司嘛，所以就放心地不時向對方吐吐苦水。

有一天，人事主管將他找去，問起他對公司的抱怨。他嚇了一跳，當下除了死不承認之外，也不能說什麼。不過後來，他還是因為種種原因打算離開這家公司。臨走前，一位資深員工偷偷地指著那位同事對他說：「你不知道他和你所學的專業是一樣的嗎？他一直很想調到你的職位，現在你一走，這個位置非他莫屬了。」

從某種意義上說，這個人是幸運的。他雖然因爲遭到排擠而離開這家公司，但最後他還是瞭解到事實的真相，並從中得到教訓。日後在處理人際關係一定會更加小心謹慎，這對他來說一輩子都受益。許多人遭到暗箭所傷之後，還一直被蒙在鼓裡呢。

雖然一般來說，沒有人會無故害你。如果你被陷害，一定是和對方之間有著利益上的衝突，所以要透過排擠來打擊你的形象，以鞏固自己的地位，甚至是把責任推到你頭上，免得自己遭受損失等等，藉此獲得短期或長期的利益。

「暗箭」傷人的實例，在古代就司空見慣。

從前有一個足智多謀的人，憑著自己的能力做到朝廷要員，享受著榮華富貴的生活。一天，他在洗澡的時候發現澡盆裡有幾塊石頭，他特別生氣，想立刻把司管浴盆的人抓起來打一頓。

但轉念一想，他找來管家問：「如果司管浴盆的人不在了，誰將得到好處。」

管家堅定地說出另一個人的姓名。

這位聰明的官員把這個人叫來，對他說：「是不是你在我的浴盆裡放了石頭？」

這人嚇得臉色大變，不得不承認是自己幹的。

所有暗箭的根源，都來自於利益。對於職場工作者來說，更要提防利益相關的人所射來的「暗箭」。尤其是職場新人，剛從人際關係相對簡單的學校步入社會，多多少少因為利益問題，變得不再那麼單純。但是，絕對要保持清醒，千萬不要受到暗箭的影響。

在人際交往中，只要有利益衝突存在，就可能有人使出暗箭。人們經常說：「明槍易躲，暗箭難防」。面對施放暗箭的「小人」，該當如何提防呢？

一、不輕易妥協

「退一步海闊天空」的人一向都是被欺負的。如果你不甘心成爲一個受欺負者的角色，就該盡力抗爭。在某次你不在場的會議上，有人將做錯事的責任推到你身上，後來你從上司或其他同事口中得知此事，你該怎麼辦？

你一定要把事情的真相告訴上司，擺明態度並澄清聲譽，這樣別人才看得出你的應變能力、處事態度和真正才幹。對待惡言中傷你的人，則應該當面質詢對方。只有讓他知道你對他存有戒心，並且對他存在威懾以及報復的可能性，才能讓他在往後的日子裡不敢對你造次。

二、與熱情過分的人保持距離

職場中，對那些故意討好你或者試圖表現熱情的人要多加小心，並且小心提防。通常那些施放暗箭的人多半內心醜陋，爲了使自己的作爲不被察覺，通常在待人接物方面表現得特別熱情，讓你感覺他就像一個親密的朋友一樣，希望你對他不存戒心。所以你在被出賣的當下，可能還會天真地想：「某某人和我那麼好，他絕不會出賣我的。」事實上，最可能出賣你的人，就是那個首先被你排除的人！

謹防職場密友點你的「死穴」

你和最要好的朋友彼此交往愉快，能互相取長補短，那麼在一定時間內，你們可能是真正的朋友。然而一旦你們之間產生了利害衝突，就很難保證這段友誼不會變質。最恐怖的是，若密友從你背後用力一擊，可能才是最致命的。因爲在那些親密接觸的日子裡，他們早就掌握了你的弱點。

人們常說：「害人之心不可有，防人之心不可無」。任何一個人都會有自己的致命傷，因此與朋友的每一次交往，都可以看成是一次賭博。爲了在這一連串的賭局中立於不敗之地，就不妨對朋友多點戒心，多考慮一些防患對策，爲自己留些退路。

小玲是一個開朗樂觀、美麗大方的女孩，從進公司的第一天起，她和其他同事就好像認識了很久那樣熟稔。即使是內向的小潔，也無法拒絕她熱情的微笑，兩個性格截然不同的女孩很快成了無話不談的好朋友。

小玲既漂亮又能幹，業務能力也很強，所以很快就成為辦公室裡的風雲人物。才進公司第二年，就被拔擢為主管。因為升職，小玲更忙了，她忙得經常沒時間吃飯休息。因為小潔是她最好的朋友，所以很多事情她自然第一個就會想到請小潔幫忙。

「小潔，今天中午幫我買一下便當喔！」

「小潔，幫我複印一下這份資料好嗎？」

一開始小潔還願意「順便」幫她忙。可是次數多了，敏感的小潔覺得自己儼然成了小玲的丫環。因此當小玲又請她幫忙時，她繃著臉說：「我又不是你的傭人。」

小玲詫異地看了她一眼：「妳沒事吧？」但也沒放在心上，說完就去忙其他的事了。

在職場上，像小玲這樣的女生很容易得到許多男同事的青睞，三不五時就會有人請她吃飯，送花給她。她也很大方，總是把鮮花往辦公室的花瓶上一插，讓大家一起欣賞。她雖然是好意，但小潔不知為什麼，總覺得她在炫耀。每次看到那些美麗的鮮花，小潔就會一肚子不爽。

沒過多久，公司要甄選形象代表，好幾個和小玲一樣優秀的女同事都報名了，但又是小玲幸運地被選上。小潔內心更加憤憤不平：同樣是人，為什麼她就這麼幸運呢？

在那天晚上，小潔終於控制不了自己，她以小玲大學同學的身份，寫了三封極盡編造之能事的匿名信，分別寄給公司的幾位長官。因為平時小玲向她提過很多自己的私事，所以她編造起來當然滴水不漏。

信的內容迅速傳開了，長官信以為真，取消了小玲擔任形象代表的資格，同事們也都用異樣的目光注視小玲。她在人們心中成了卑鄙、欺騙的代名詞。這對於一向充滿自信，似乎事事都順利的小玲，絕對是致命的打擊。她日漸沉默消瘦，幾乎不和任何人說話。每天蒼白著臉遊盪在公司和家之間，像一個沒有靈魂的空殼。

雖然後來證明匿名信中的內容全是謊言，小玲還是選擇了辭職。她悄悄地辦好了離職手續，悄悄地收拾好東西離去，沒有向任何人告別。

從匿名信中那些逼真的細節，她一眼就看出是誰的大作。與失去一切機會相比，被最好的朋友出賣，讓她受到更大的傷害。這件事在她心中留下了永遠的陰影。

小玲沒有防人之心，將自己的事都透露給小潔知道。如果她們一直是沒有競爭關係的好朋友，這當然沒有什麼大礙。但是，如果她們成了對手，那麼後果便不堪設想了。

荀子在論人性時說：「人之性惡，其善者僞也。」這麼說固然有些偏激，但在現實生活中與人打交道時，的確應謹慎小心。對朋友不妨多點戒心，才不至於在事情發生之後追悔莫及。那麼，該如何判斷什麼樣的朋友應該提防呢？

一、得了便宜還賣乖的人。這種人的特點是占了你的便宜以後，還說你欠他。

二、無事生非的人。這種人的特點是愛說人閒話，聽風就是雨，跟狗仔隊差不多。可以想像背過頭去，你馬上也會成爲他的談論焦點。

三、當面一套，背後一套的人。這種人是最可怕的是，他永遠不會對你表示反感，但也許某一天你落魄了，正是拜他所賜。

四、言行不一致的人。這種人的特點是說得到，做不到。與這種人交往不要抱有期望，他就算給了承諾，也永遠不會履行諾言。

五、嫉妒心特別強的人。這種人是埋藏在你身邊的「定時炸彈」。一開始還好，一旦你表現出自己的優秀和不凡，立刻會點燃他心中的毒火。與這種人交朋友，等於把自己放在一個極其危險的境地。

六、喜歡踐踏別人自尊心的人。這種人其實是最可悲的，他們爲了掩飾自己的自卑，就拼命以糟蹋別人的方式來提高自信心。他們幾乎永遠不會說出讚美的話，言出必傷人。

藏好底牌，不讓它成為刺傷自己的利劍

每個人都有過去，都有一些不爲人知的秘密。朋友之間，哪怕感情再好，也不要隨便把過去的事情和秘密告訴對方。

若是將秘密與同事分享，在關鍵時刻，他可能會拿出來作爲武器回擊你，使你在競爭中落敗。因爲他只要將你不光彩的秘密說出來，你的競爭力就會大大削弱了。

王新平是一家公司的職員，他與好友李進富一向無話不談。一次借著酒興，王新平向李進富說了一個不為人知的秘密。

王新平年輕時曾經犯過法，被判了兩年徒刑。從監獄出來後，他改過自新，重新做人。考上了大學，畢業後才進了現在這家公司工作。

這段時間剛好是年底，公司績效不是很好，並準備裁員。王新平和李進富負責的是差不多類型的工作，這個位置精簡之後只能留下一人。但論實力，王新平比李進富要略勝一籌。

誰知道不久之後，公司裡的同事就開始私下議論王新平坐過牢，對他的印象大打折扣。結果李進富幸運地留了下來。

王新平與李進富本是朋友，無奈一場裁員風波將兩人置於你死我活的境地。在這場賭局中，王新平不懂得藏好自己的底牌，而中了李進富的冷箭，不僅失去了工作，還讓自己的傷疤又一次被揭開，成爲這場遊戲中名副其實的輸家。

爲了防止在這種不期而至的遊戲中受傷，平時就要注意不要將秘密輕易示人。這是對自己負責的行爲，更是與人交往的策略。

羅曼・羅蘭說：「每個人的心底，都有一座埋藏記憶的小島，永不對人開放。」

馬克・吐溫也說過：「每個人都像一輪明月，雖有呈現光明的一面，黑暗的那一面卻從來不會讓人看到。」

每一個人都有自己的隱私，而且那些令人不快、痛苦、悔恨的往事，比如：夫妻糾紛，事業失敗，生活挫折……都是自己的過去，不輕易示人。

遇到彼此投緣的朋友，你自然十分高興，隨著時間的推移，你們的感情日益深厚。

一天酒後，你把積藏在心底多年的秘密告訴了他，更充分顯示你的真誠。你相信他不會做出傷害自己的事，也許還能爲自己解開其中的疑難。可是不久，你們因爲種種原因發生了爭吵。第二天……

要知道，你的秘密若是人盡皆知，受到傷害的不僅是你自己，還有很多和這個秘密有關的人。儘管對好朋友應該開誠佈公，但這不表示你不能有自己的秘密。

不相信任何人和相信任何人，同樣都是錯誤的。不相信任何人，無疑是自我封閉，永遠得不到友誼和別人的信任；而相信任何人則幼稚無知，終歸會吃虧上當。

當然，不要把過去的事全讓人知道，並不等於什麼都不說。偶爾保留地跟朋友說說自己的過去也無妨，比如：說說你小時候讀書上學之類的無關緊要的事情，可以增進彼此瞭解，加深感情。你對別人說說自己的過去，別人也會與你分享自己的過去。信任永遠是建立在相互瞭解的基礎上。你什麼也不說，什麼也不讓人知道，人家想瞭解你也無從下手，又怎麼會信任你？

但藏好自己的底牌是必須的，以免讓它成爲刺傷自己的利劍。這是每個人都應瞭解的處世策略。

不要把過去的情事當八卦

根據心理學研究指出：人與人之間需要保持一定的空間距離。也就是說，任何一個人都會希望自己周圍能有一個屬於自我的空間，就像一個無形的「氣泡」一樣，為自己劃下一定的「領域」。當這個自我空間被人觸犯，就會感到不舒服，甚至惱怒起來。

一般而言，交往雙方的人際關係以及所處情境，決定著相互間自我空間的範圍。而交往時，空間距離的遠近，則是雙方是否親近友好的指標。因此，人們在交往時，選擇正確的距離至關重要。

距離不代表漠視他人，也不是時時刻刻懷有防備之心。距離的保持具有一種一視同仁的態度，既可以保障同事之間的和諧工作關係，也可以防止因關係過度密切而公私不分，導致影響工作。

物以類聚，人以群分。同事中肯定有與你互有好感的人。即便兩人關係密切，也應保持恰當的距離。知道別人太多的過去，會讓自己處於危險的境地。

當很多同學還在為工作發愁的時候，小方已經穩穩當當地坐在這家大公司的某個小方格裡開始他的職業生涯了。對於力薦他的頂頭上司，他受寵若驚，懷著十二萬分的感恩來到這裡報到。小方暗暗發誓一定要好好表現。

與小方同部門裡有個女孩和小方處得非常好，工作上的意見經常都是一致的。他們的友情不斷加深，甚至與彼此的朋友圈都很熟，和對方的男女朋友也都成為了好朋友。女孩有時會和小方的女朋友一起逛街，小方和女孩的男友偶爾也會打打球。到了假日，四個人還常相約一起搓麻將。其他同事都很羨慕他們有這麼好的友誼。但這種融洽的關係在某一天出現了裂痕，起因是公司裡新來了一位副總。

女孩從見到他第一眼起，就很不自然，副總也是。兩人坐在那裡，並不說話，卻有一種微妙的氣氛。有天下班，女孩突然「消失」了，平時女孩和小方都是一同坐車回家的，即便臨時有事，也會先打個招呼。小方問了同事，聽說她是和副總一同出去的。

第二天，女孩紅腫著眼睛來上班。下班的時候，小方還沒開口，她就主動和盤托出。原來副總是她大學時的學長，兩人曾經談過戀愛，後來因為副總畢業後去了美國才分手。這幾年，副總經歷了一次失敗的婚姻，再見到女孩，竟有和她破鏡重圓的想法。說著說著，女孩忍不住掉下眼淚。

這天小方和女孩子為了這件事聊了很久。沒想到，那天以後女孩也許是後悔讓他知道了這個秘密，漸漸和他疏遠了。

有一天無意間，小方發現女孩開始在同事面前說小方做事常常偷懶，很多事情老是要她幫忙……

故事說到這裡，可能引起了很多人深思。小方竟然只是因爲知道女孩過多的秘密就嚐到了苦頭。千萬不要與同事過度密切的交往。因爲既然你對他的底牌清清楚楚，一旦風向有變，你就會立刻成爲他的防範對象。

男同事有男同事的苦惱，女同事有女同事的擔憂。可能因爲工作繁重而忙得廢寢忘食，也可能因爲事業發展停滯不前而眉頭緊鎖，更可能爲家庭糾紛而悶悶不樂……諸如此類的事情，若別人不主動求助於你，就儘量不要過度參與。

別人的傷心史，能不聽就別聽，更不要濫施情感。你可能只是一時的同情，說不定他轉眼間就會因爲自己的一時脆弱而後悔，甚至轉而恨起你來。人脆弱的時候，通常都會尋找傾聽者，但如果你知道太多別人的事，那個人很可能會非常後悔，因此找機會除掉你，讓你後悔莫及。因此與同事的相處，尤其是那些有著過多「情史」的同事相處，最好停留在「今天天氣不錯」的層次就好，這樣才能保證你的安全。

異性同事之間，除了性別的差異，在交往時更要注意彼此之間的距離。與異性同事交往有一個很重要的原則就是對異性採取大方、不輕浮的態度，其中包括言語和行爲兩個層面。以尊重對方是異性工作夥伴的態度來處理辦公室事務，就可以使某些複雜的事情變得簡單。千萬不要讓辦公室的異性關係出現曖昧，也不要與某個異性發展成比其他異性更爲親密的關係。保持分寸是與異性交往的最佳狀態，那麼又該如何保持適當的距離呢？

一、疏而不遠

職場中，與異性同事關係太親近，會造成不好處理的誤會，又容易有搞「裙帶關係」的嫌疑。關係太疏遠，則會造成缺乏信任、凝聚力減弱等問題。所以要保持既不過於親近，又不太疏遠的關係，使雙方得以互相支持又不至於干擾各自的私人領域。

二、君子之交淡如水

工作就是工作，要就事論事，秉公辦事。切莫與同事結成死黨或密友，也不應勾心鬥角、互相利用。事實上，職場上真正擁有良好人際關係的人，都是能夠真誠待人，同時保持中立的人。

「淡如水」的職場交往，不僅有益於參與工作競爭，也可以在日常生活中進行自我心理的調節。做朋友是下班以後的事，在辦公室內千萬要明辨其中的利害關係才是。

◆交往適度定律：遷就可以，但還是要講原則

人際交往中，一方給予另一方好處，都會想得到同等程度的回報。如果你對別人適度的好，可能得到別人相應的回報；但如果你對別人過度的好，卻可能無法得到同等的回報。這就是「交往適度定律」。

人與人的交往，在本質上就是一種社會交換。這種交換和市場上的商品交換所遵循的原則一樣，也就是人們在交往中，總是會希望得到的東西不要少於付出的東西。但是，如果得到大於付出，也會讓人心理不舒服，感到無法回報，或沒有機會回報，因而產生愧疚感。這種心理會使受惠的一方選擇保持距離。

在職場的關係，多數屬於同事關係。同事與朋友是不一樣的，相互之間很難理解、包容對方。如果你對別人過分的好，反而不利於和對方交往。因爲一旦雙方之間出現利益之爭，甚至意見分歧，都將直接破壞兩人的關係。

同事不是朋友，公事不宜私辦

初入職場的新人剛進入一個陌生環境，就會習慣性地找到比較容易接觸的同事，然後全心全意爲對方做事，希望關係更融洽密切，甚至好事一次做盡，以爲這樣自己就成了對方的密友，但在對方的心中，你卻不過是一個很普通的同事而已。

在職場中千萬不能被一時的熱情所惑，幾句話就把普通同事當做了好朋友，甚至於把同事當朋友一樣隨便使喚，不能以爲兩人關係不錯就可以公事私辦。一旦若是產生衝突，就可能影響同事關係的和諧。

文月和雅茹是同事，平時關係不錯。可是最近卻鬧翻了。為什麼呢？其實也不是什麼大不了的事。

這天，眼看著下班的時間就要到了。文月的工作還沒做完，就在這時，長官又打電話來要求文月臨時幫忙接待客戶。由於平時和雅茹相處不錯，兩人也經常互相幫助。這時，文月第一個就想到找雅茹，請她暫代一下幫忙完成手頭的工作。

可是雅茹當時手頭也有工作在忙，見文月十萬火急的樣子，也就沒推辭，只說：「先放這兒吧，等我忙完了再幫你做。」

於是文月便放心地去招呼客人了。當她陪客人吃完飯並安排好住處之後，時間已經很晚了，文月便直接回家去。

第二天早上，上司打電話給文月：「昨天請你準備的文件好了嗎？我馬上開會就要用了。」

文月很有把握地說：「我已經請雅茹幫忙，應該完成了，您放心吧。」

文月走到雅茹面前看她正趴在電腦前忙，一開口就問：「我交給你的事怎麼樣了？」

雅茹聞聲抬起頭，一副驚慌的樣子，大叫一聲：「啊，糟糕我忘了！還沒做呢！」

「我被你害慘了，我主管馬上開會就要用了，沒弄出來怎麼辦？你不是答應我了嗎？怎麼這麼重要的事也能忘？」文月劈頭就對著雅茹唸一大串。

「喂，文月，你怎麼這樣說？你麻煩我幫忙，我如果有時間一定會幫。可是我怎麼知道這東西這麼急？妳怎麼把責任推到我的頭上？」雅茹也不客氣。

「既然做不到，就別答應！這樣被妳一整，妳說我該怎麼辦？」文月的情緒很激動。

「這跟我沒關係！妳自己的事妳自己負責。而且妳憑什麼指派任務給我，妳又不是我的長官。我自己的事還忙不完呢！從此以後，妳別再找我幫忙。」雅茹嚴厲的說。

就這樣，兩人越吵越凶，連以前從未在意過的小事都抖了出來，二人從此翻臉成仇。

現在職場中人員精簡，每個員工都有自己的工作要忙。平時工作中，自己忙不過來，想請同事幫忙，也要注意看他們是否願意。

同事不是朋友，彼此之間只是工作關係。各人有各人的職掌，各人賺各人的錢，互不相干。當然，同事之間必需合作，但這種合作關係，基本上也是出於職責所需，並不摻雜個人情感在裡面。

朋友就不同了，不僅在工作上互相配合，互相支持，而且在個人生活上也能互相關心，互相幫助。好朋友之間，不僅要投緣，還要有共同的人生觀和價值觀，對人對事的看法容易取得一致，並且也願意信賴對方。

像文月和雅茹的情況，儘管兩人私交不錯，但在工作上還是應該分清你我。簡單的忙可以幫一下，如果是大忙，還是不要公事私辦，應該直接向上司反映情況，讓上司重新調配人力，就不會出現這樣的衝突了。

因此，越是關係好的同事，越是要按規矩來。在人際交往中對別人好也需要適度，公私不分，遲早會出問題。

別將職場密友「捧」成敵人

有時對一個人太好，可能會釀成禍患，須知人的貪欲是無法滿足的，如果一味縱容，就會激發出更大的貪欲。

在職場中更是如此。大家都在同一個公司，同事之間難免會產生利益或晉升方面的競爭。如果關係過於密切，有一天也許會成爲勢不兩立的敵人。

阿傑年紀輕輕就做了經理，他需要一個可以信任的人擔任顧問。於是，他想到了自己最好的朋友國賓。

國賓是他一手培養起來的。以前他只是一個職員，因為曾經幫過阿傑，所以阿傑總是對國賓特別照顧。時間一長，兩人的關係越來越密不可分。

阿傑認為只有最好的朋友才會對自己忠心耿耿。但是公司其他同事都認為阿傑的手下小夢才是最合適的人選。然而阿傑堅持認為國賓最適合，誰也阻擋不了他的決定。

誰知國賓升職後竟開始變了，他不但對同事趾高氣昂，還覬覦更高的權力。為了滿足國賓，阿傑特地找機會要求上級為國賓加薪。

可是後來，國賓竟然使手段挑撥阿傑與小夢的關係，弄得小夢不得不辭職。

國賓的權力欲望不斷膨脹，而阿傑卻因為小夢的事件引發公司所有人的不滿，很多下屬都開始公然和阿傑做對。

沒過多久，國賓竟然向高階長官參了阿傑一本，說他根本處理不好和下屬之間的關係，更駕馭不了員工，不適合擔任經理職位，最後還列出公然和阿傑作對的員工姓名。長官出於企業發展的考量，不得不重新考慮阿傑的任用案。最後，公司決定撤銷阿傑的職位。

阿傑和國賓原本是關係密切的好朋友，由於權力的驅使，最後成了死敵。由此可知，愛與恨並非一成不變。無論是普通同事還是職場密友，彼此之間都要保持一定的心靈距離，不應該完全信任他們。尤其是面對有貪欲的人，更應該爲自己考慮一下，不要等到事情無可挽回時才後悔莫及。

君子之交淡如水，真正的友情向來是不溫不火、波瀾不驚的。與同事相處，「和諧」非常重要。不過，這兩個字說起來非常簡單，但做起來卻不是那麼容易。避免反目成仇，一定要遵循四項基本原則：

一、以友好為前提，不要有親疏遠近

同一個部門的同事，與脾氣相投的A每天都高興地寒暄，中午約在一起吃午飯；相反，對不易結交的B就不大愛打招呼。過分親善或疏遠，儘管是個人之間的小事，但同在一個辦公室裡，這樣做並不好。

許多人來到工作崗位之後，都會碰到不能互相投緣的人，但卻難免要和這個人合作。因此更有必要從平時做起，秉公與他們處理好關係，同時嚴格區分公私之別。

二、不要隨便插手同事的工作

無論多麼要好的同事，在上級背後互相分擔或幫助彼此工作都是不允許的。公司本來就有各式各樣的職務分工，這是一種制度。無視於這一點，會使某一方面的工作受到損失。互相幫助鼓勵是好事，但應禁止多餘的幫助與隨意的插手。

三、與同事交談時不要涉及他人隱私

「交給了老婆多少獎金？」「是不是被女朋友給甩了？」說話時只要涉及這類內容，即便當下只有一人在場，也是冒犯了他人的隱私。的確，兩個人一起談談個人的心事，可以增加雙方的親密感，但是在公司裡說出來，就很容易出現謠言。因此，想保持同事間的良好關係，就不要隨便涉及他人的隱私。無話不說的「知心朋友」只要一兩個就夠了

四、對新同事既要指導，也要給予自主權

對於新同事，在他們熟悉工作之前，要耐心指導他們，這樣才能顯示出你的胸襟寬廣。但是也要給他們一定的自主權，不要因爲他們是新同事而事事代勞。對於工作努力的新同事，應當經常說一些誇獎的話，讓他們鼓足勇氣。

◆ 從眾效應：

同流但不合污，輕鬆遠離派系爭鬥

從眾就是當個體受到群體引導或施加壓力時，會懷疑並改變自己的觀點、判斷和行爲，朝著與多數人一致的方向變化。通俗地解釋就是「人云亦云」。大家都這麼認爲，我也就這麼認爲；大家都這麼做，我也就跟著這麼做。這種效應有積極面，也有消極面。

壓力是從眾的決定性因素。在一個團隊內，只要有人作出與眾不同的判斷或行爲，往往會被其他成員孤立，甚至受到嚴厲懲罰。因此在同一系統內成員的行爲，往往高度都是一致的。

每個人在職場都有一些固定的小圈子，如：自己所在的部門、團隊等，這原本就是人們交往時的正常現象。如果有些主導性強的同事壯大了某個小圈子的勢力，勢必也會影響人際關係的和諧。這時在與同事的相處中，就要學會遠離派系紛爭。

因此，看到別的同事加入了某個團體之後，要記住讓自己遠離漩渦。想要發揚「從眾」的積極面，就要避免陷入派系鬥爭，學會與同事同流但不合污，哪怕是要在夾縫中求生存，也必須遠離派系鬥爭。

在職場中減少盲從的行爲，運用理性判斷是非，並且堅持自己的判斷，正是成功者與失敗者的重要區別之一。

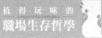

同事之間「同流」不「合污」

職場中，每個人都應該有一個屬於自己的角色。否則站在不同的派別中間，不是成爲無足輕重的路人，就是被殃及的池魚。能適時加入辦公室的派系鬥爭，又能清醒地抽身，不僅是明哲保身之道，更是處世的領悟與洞察。

辦公室中派系活動是常事，沒有才奇怪。如果你閉上眼睛漠視「辦公室政治」的存在，那將是十分不明智的行爲，一不小心後果不堪設想。面對派系鬥爭，職場工作者必須有所準備，才有存活機會，避免落入派系鬥爭的沼澤。要順利處理職場人際關係，既要學會融入一定的圈子，又要注意不可與人「合污」。

艾華進入某公司市場部不久，就發現在這個總共十幾個人的部門裡，有一個大約三、四人組成的小圈子。這幾個人相互之間工作起來特別有默契，但只要是圈子外的人，他們就多少有點不配合，有時甚至暗中使計破壞。部門經理對這件事睜一隻眼閉一隻眼，那個圈子的核心人物，對這個部門的無形影響似乎比經理還大。

最近，那個圈子裡的李大姐每到中午就有事沒事的來找艾華套交情。昨天問他父母是做什麼的，今天問他有沒有女朋友。當她知道艾華現在還沒有女朋友時，馬上表示願意幫他牽紅線。

艾華知道李大姐想拉自己「入幫」，成為他們那個圈子裡的人。他有些猶豫，如果不進他們那個小圈子，今後工作上難免會受到刁難；如果進入他們那個小圈子，自己又打心底厭惡這種搞小圈圈的行為。他有點不知所措。

也許你過去一直習慣生活在自己的世界裡，一旦進入職場，突然被推到一群陌生同事當中，你的確會面臨艱難的選擇：是要保持自己的個性，還是儘快融入另一個陌生的環境？你可能會覺得與其跟一大幫無趣的人混在一起，還不如堅守自己的空間。

於是，你堅持「三不原則」：不和同事做朋友；不和同事說知心話；不和同事分享秘密。每天完成工作之後就是回家，與同事的關係越來越疏遠。但是，漸漸地你發現工作起來越來越困難。雖然誰也沒得罪，但一些負面評價老是陪伴著你左右。你的職場人際關係開始陷入泥沼。

凱文在學校時就一向是班上的優等生，所以在進入工作環境後，也常常恃才傲物，不屑與同事為伍。

當時和他一起到職的還有安東。安東和凱文一樣也非常優秀，然而到了工作環境之後，他就收斂鋒芒，主動熱情地和同事打交道，很快就贏得同事和上司的喜歡。

在年終評選優秀員工的獎勵大會上，安東因為優秀的業績和同事的支持，他得到了獎章。凱文當然也非常努力工作，甚至成效比安東還好，可是同事卻經常在背地裡說他的壞話，說上司不喜歡他等等。雖然有好成績，但在評選大會上他一票也沒得到。凱文認為自己不受重視，感覺英雄無用武之地，因此辭職而去。離開這家公司後，他又換了幾個工作，一直沒有非常滿意，他為此深感煩惱。

凱文特立獨行的風格，讓他在公司裡待不下去，最後不得不走人。在現代職場中，只要關係到分工合作、職位升遷，抑或利益分配，總會因爲某些人的「主觀因素」而變得撲朔迷離、糾纏不清。隨著這些「主觀因素」漸漸蔓延，原本簡單的同事關係、上下屬關係，也變得複雜起來。一個十幾個人的辦公室，可以有好幾個不同的派系，更可以有從這些派系滋生出來的，上百個糾纏不清的話題。

人際關係就像一張漁網，缺了哪一塊都不行。要處理好職場人際關係，既要學會投身其中，又要懂得抽身離去。完全游離在派系以外是不可行的，要學會融入一定的圈子。

你可以在「同流」的情況下，選擇不「合污」。

等距離外交，遠離派系紛爭

職場中，人們有時會無端地被捲入對立的兩派之間。既然兩邊又都得罪不起，你又不能不表明態度和立場。這時候，就得用點智慧了。利用等距離外交政策，誰也不得罪，就是夾縫中求生存的高招。

《清稗類鈔》中記載了一個故事：

清朝末年，陳樹屏擔任江夏知縣的時候，張之洞正在湖北任督撫。當時張之洞與湖北巡撫譚繼洵關係不太融洽，遇事多有齟齬。這位譚繼洵就是「戊戌六君子」之一譚嗣同的父親。

有一天，張之洞和譚繼洵等人在長江邊的黃鶴樓舉行公宴，當地大小官員都在座。其間有人談到了江面寬窄問題，譚繼洵說曾經在某本書中親眼見過，是五里三分。張之洞沉思了一會兒，故意說是七里三分，也說自己曾經在另外一本書中見過這種記載。

二人相持不下，在場僚屬難置一詞。雙方借著酒意吵了起來，互不相讓。於是張之洞派了一名隨從，快馬前往當地的縣衙，召縣令來斷定裁決。

知縣陳樹屏，聽來人說明情況，急忙整理衣冠飛騎前往黃鶴樓。他剛剛進門還沒來得及開口，張、譚二人便同聲問道：「你既管理江夏縣事，漢水就在你的管轄境內，你知道江面是七里三分，還是五里三分嗎？」

陳樹屏對兩人的過節早已有所耳聞，聽到他們這樣問，當然知道他們是借題發揮。但是這兩個人他誰都得罪不起，支持任何一人都會使自己陷入困境。

他靈機一動，從容不迫地拱拱手，平和地說：「江面水漲就寬到七里三分，而水落時便是五里三分。張制軍是指水漲而言，而中丞大人是指水落而言。兩位大人都沒有說錯，這有何可懷疑的呢？」

張、譚二人本來就是信口胡說，聽了陳樹屏這個有趣的圓場，撫掌大笑，一場僵局就此化解。

所謂「等距離外交」，就是指無論在工作或生活上，你與所有的人都大致保持相同的距離，大都處於關係均衡的狀態。因爲你處在夾縫中，任何一方都得罪不起，不採取這種策略，你就會面臨危險。

有人認爲這種誰也不得罪的做法，是一種牆頭草的行徑，讓人瞧不起。大丈夫應敢作敢爲，必須敢於挺身表明自己的立場。其實這是對等距離外交策略的誤解。

等距離外交不過是一種手段，目的是爲了在衝突的最初階段保護自己，並且在將來必須加入戰局時，能夠佔據更有利的地位。所以它不是所謂牆頭草的行徑，而是一種智慧的選擇。

其實，類似情況在現實生活也是屢見不鮮。比如：兩個朋友爲了小事發生了爭執，你已經明顯感到其中一個是對的，而另一個是錯的，現在他們點名要你判定誰對誰錯，你該怎麼辦？

此時，我們就該明白最好的策略就是不說任何朋友的不是。因爲這種爲了小事發生的爭執，影響他們作出判斷的因素有很多。不管對錯，他們相互之間都還是朋友。但如果你當面說一個人的不是，不但會挫傷他的自尊心，讓他在別人面前抬不起頭，甚至很可能會因此失去對你的信任。得到支持的那個朋友雖然當時會感謝你，但是等他想明白，也會覺得你幫了倒忙，讓他失去了與朋友和好的機會。

學會等距離外交，你的處世水準當然可以提升到另一個層次。如果你已經身爲小圈圈中的一員，並感受到自己的工作表現因此而受到影響，那麼與小圈圈保持距離將是十分重要的。

很簡單的方式，就是在工作之餘限制自己的社交活動，例如：與圈圈外的同事共進午餐，爲其他人提供幫助，並且切忌在辦公室裡高談闊論你的週末是如何與某位同事共度的。

◆邊緣策略：找出癥結，化解職場「冷暴力」

邊緣與主流、中心相對應，不同的人有不同的理解、不同的標準。當前社會急劇轉型，邊緣與中心不斷變動，邊緣化成爲不少群體共同的感受。一些職場工作者也由於人際關係的職場「冷暴力」而被邊緣化。

在職場中被「邊緣化」，會爲你帶來無限的苦澀、孤獨、無奈甚至是憤怒。可能是你被群體拋棄，導致非自願的結果；也可能是你背叛群體，格格不入，使你失去昔日和諧的工作環境。

想重新回歸到職場主流之中，就必須認真分析形勢，找出問題的癥結，抓出主因，擊破同事施加在你身上的職場「冷暴力」。才能輕鬆、愉悅地投入工作。

突圍職場「冷暴力」，不做辦公室「孤兒」

「冷暴力」是指成員之間出現衝突而又找不到調和的方式時，採用非暴力的方式刺激對方，致使一方或多方心靈受到嚴重傷害的行為。如今，這種現象也向職場蔓延。

在競爭日趨激烈的職場，人際淡漠，關係緊張。不少白領正在冷暴力中備受煎熬：上司不留情面地否定你，將你邊緣化；同事對你不理不睬……諸如此類的「冷暴力」每天都在職場上演。

梅子在一家外貿公司上班，在公司裡是個明星員工。她工作熱情主動，業務能力強，業績也很不錯，深得公司老闆器重，經常在大小會議上受到表揚。但最近梅子卻對上班有了一種厭惡的感覺，只要走進辦公室，她就會感覺到一股寒意。

原來梅子最近發現，儘管部門經理對她的能力非常認可，但卻不再讓她去接老客戶的訂單了。同時，她與同事之間的關係也發生了微妙的變化，很多同事開始不怎麼和她說話。早上來上班時，在門口聽到大家都有說有笑的，當她一進門之後聲音就戛然而止。

一開始梅子還以為是老闆比較重用她，才引起同事的嫉妒。沒想到後來連老闆也找她談話了，希望她能處理好與同事之間的關係，不要老是得罪人。

「在一個團隊裡，如果一兩個人說你的不是，可能不是你的問題。但如果多數人對你有不同看法，你就要好好反省了。如果你被孤立了，哪怕再能幹，在公司裡恐怕也不可能有好發展。」

老闆的話讓梅子如坐針氈。這些天她一直在思考這個問題：可能是自己個性太直率，不會做人，經常有意無意讓別人下不了台，所以才引起公憤。比如：部門經理在開會時提出一些計畫，她如果覺得不對，就會當場發言表示反對；發現同事拿回扣等不符公司規定的行為，她也會馬上指出來。

現在，梅子在辦公室裡成了孤家寡人。她曾考慮辭職，但又覺得這家公司是一家知名外商，在這裡畢竟更能實現夢想，何況目前的收入也不錯，因此她還想繼續做下去。

可是，惡劣的職場氛圍讓梅子的心理負擔越來越重，她總覺得同事非常冷漠無情，並蓄意排擠她。因此她的情緒一落千丈，工作也提不起勁。

很顯然，梅子成了辦公室的「孤兒」，原因就是職場「冷暴力」。這種冷暴力常見的表現形式有：拒絕交流，或是交流時冷淡諷刺，態度不友善、不合作。遭遇冷暴力的員工經常處於有苦說不出的窘境，明明意識到自己被孤立了，但長官或同事並沒有直接攻擊或訓斥。就算想發火，似乎又找不到理由。

如果你正遭遇著職場「冷暴力」，你該怎麼辦？一個巴掌拍不響，如何積極化解這種冷暴力，避免自己的職業生涯陷入困境？

一、換位思考，化解誤會

被孤立的人需要謹小慎微，認真觀察，耐心化解一些誤會。遇事學會換位思考。事後及時溝通，化解與同事之間的隔閡。職場紛爭中，無論是管理者還是普通員工，每個人都要避免成爲「公憤」，因爲這種孤立是災難性的。

二、做人做事要低調

梅子之所以被冷落，顯然是在她的潛意識中，總是自認爲很優秀，而對同事嗤之以鼻。如果你這麼想，就只能成爲辦公室「孤兒」了。在職場中生存，爲人要低調，不顯露自己的優勢。若想儘快融入同事圈中，就必須放下內心的優越感。

三、增強自己的「免疫力」

同事只是一群爲了工作目標而走在一起的工作夥伴，不要奢望彼此掏心掏肺的友情。人無利，溝不通，在遭受冷暴力侵襲時不妨多反思自己的不當之處。

無論是來自上司還是同事的冷暴力，多多增強自己的「免疫力」也非常重要。凡事不要太認真，培養自己豁達開朗、樂觀幽默的個性。如果能夠輕鬆調節自己的情緒，冷暴力也就自然而然能夠化解了。

找出癥結，化解冷暴力

在這個時代，人與人之間的都希望關係能夠融洽平和。看似表面平靜的職場，一旦出現冷暴力，卻會令人不寒而慄。冷落你，讓你找不到自己的位置，在需要做事的地方沒事做，將你變成透明人，讓你覺得自己毫無成就和價值……優秀員工遇上這樣的冷暴力，總是會非常心碎。

謝長信是某私營企業新聘的主管。他初來乍到，不知道為什麼員工們見了他除了禮貌性地打個招呼外，都無話可說，好像很排斥他似地。

他仔細思考了一下自己的處境，他是透過應徵來到公司的，過去不可能和大家發生衝突。而且自己也不是擠掉了另一個受愛戴的主管才來任職。仔細查了一下，下屬們也都還不夠資格勝任主管，所以也不是擋了誰的升官路。那為什麼大家還是這樣冷眼相對呢？

經過一段時間的認真觀察，他發現這個企業的上司們對員工的態度很不好，經常隨意罵人，對員工極不尊重。上司如此對待員工，員工自然不喜歡上司，而自己身為部門主管，因工作關係和上司接觸比較多。看來大家一定是先入為主地擔心新主管是上司派來的耳目吧。

謝長信決心找個機會和員工中的領頭人物談一談，把問題解釋清楚。他私底下把他們找來一起吃飯：「各位同事，我知道大家有些不敢和我接觸，其中的原因我也明白。我今天要告訴各位的是，我其實跟大家的看法一樣，我也對老闆頗有不滿。其實我之前並不認識他，更談不上有什麼特殊關係，大家盡可以放心。我來這裡，只是喜歡這份工作而已。能和各位一起把工作做好，才是我的最終目的。咱們不妨拿出點業績給老闆看看，有了成績在手上，才能在他面前發表自己的意見。」幾個下屬都點頭稱是。

這個小聚會以後，謝長信發現大家對他的態度大為改觀。

我們要向這位主管學習。受到排擠的時候要鎮定，首先找到受排擠的原因。然後，主動向排擠你的人做出友好的表示。不過也要注意做事的分寸，在必要的時候保護並捍衛自己的利益。

心理專家指出，職場上的冷暴力會讓人感到壓抑、鬱悶。而人處在情緒低落之中，身體的消化、免疫、代謝等功能都將受到損害。這種鬱鬱寡歡的心理，最終會爲人帶來各種各樣的身體疾病和心理障礙。面對職場「冷暴力」，不妨少點鋒芒，適當做出妥協，試著盡力化解「冷暴力」。

楊名禹大學畢業之後就進入一家食品研究檢驗單位。按慣例楊名禹必須到每個科室去輪調三個月。

楊名禹對工作還算有信心，讓他擔憂的是如何與同事相處。因為他本來就比較內向，不善與陌生人打交道。更何況公司裡百分之九十的同事都在四十歲上下，只有楊名禹才剛畢業。

楊名禹每天第一個到公司，最後一個離開。包辦了辦公室的各種雜物，尊稱每個同事為大哥大姊……一個月兩個月過去，楊名禹卻發現自己被徹底忽略了。工作上，他們從不主動叫自己幫忙；閒暇時，他們聊婚姻孩子自己完全插不上嘴。他們之間熟悉的程度，和十幾年同事培養出來的默契，讓楊名禹感覺自己是個外人。於是，楊名禹從早上坐到下午，一天之中沒人叫楊名禹做事，也沒有人和楊名禹說話。而更糟糕的是，當楊名禹在一個科室中稍微熟悉一點，三個月就期滿了，他又被調到另一個陌生的科室。相同的境遇周而復始。

輪調期足足有一年半之久，過程中那種精神上的壓抑，比體力上的勞累更讓人倦怠。心灰意冷之下，楊名禹不止一次閃過辭職的想法。但辭職只能暫時逃避這種不愉快的局面，總有一天還是會面臨職場。楊名禹很是苦惱，不知道怎麼辦？

職場工作者都有這樣的體會。因爲某種原因，你發現同事們開始排擠你。這個時候，你如果還是堅持一意孤行，恐怕後果堪憂。還是先想想爲什麼會遭受排擠，從源頭開始找出破解法門，才是明智之舉。

就像楊名禹自己不知道如何與同事打交道一樣，同事們面對比自己小二十歲的楊名禹，也不知道該說什麼？他們不主動叫楊名禹做事，或許只是因爲他們已經習慣了之前的工作模式，又或許是在原來管理比較鬆散的情況下，楊名禹的「勤奮」被他們視爲變相的挑釁？

有時候「冷」只是距離產生的誤會，或某些沒有根據的成見。只要積極面對，在可以接受的範圍內，少一點堅持、多一點妥協，給彼此一點時間加深瞭解，職場冷暴力也許就能化於無形。

一、適應同事，融入圈子

他們不叫你做事，你就在他們做事時主動跟過去。他們聊天時，你也可以挑些有興趣的主題發言幾句……總之，要努力適應同事們的工作方式和習慣。一段時間之後，同事們就會變得友善，你也就可以漸漸融入他們的圈子了。

二、單獨溝通，各個擊破

你可以單獨約其中一位去吃飯，藉機與他溝通。不論是私事還是公事，以你的個人魅力去影響他，甚至讓他知道你可以爲他帶來更多的好處，把他「拉」到你的身邊。當一個目標成功後，再去「拉」第二個，這樣就融入團體了。

三、儘快調整，速戰速決

人們常說，改變不了環境就得適應環境，改變不了別人就得改變自己。所以，面對冷暴力，最要緊的是儘快自我調整，以理性和積極的態度處理和溝通。此路不通，就去尋找適合自己的環境和群體。千萬別打持久戰，這樣浪費的只是自己的人生。

Good Choice 大大的享受拓展視野的好選擇

算你狠！職場心理掌控術

贏家系列 13

他說「也許」的意思就是「必須」，
他說「可能」的意思就是「一定」，
他說「隨便」的意思就是「要按照他的意思百分之百地執行」。
一切按規矩辦事，在工作場合中只能說是一種美德。

小心，職場潛伏心理學

贏家系列 14

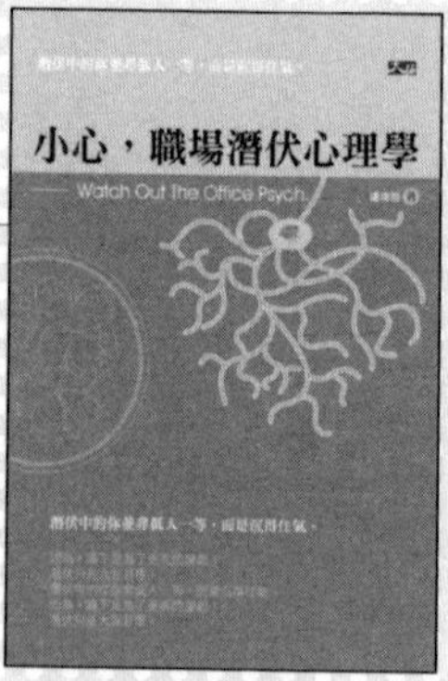

潛伏中的你並非低人一等，而是沉得住氣。
因為，蹲下是為了更高的躍起！
潛伏只是大智若愚。
利用潛伏的時間找到專長，並將之發揮到極致。
懂得隱藏自己，在低調中積蓄力量，就是一種人生境界。

職場上最關心的20個話題

贏家系列 15

第一類話題：聰明人都裝傻，傻子才裝聰明。
第二類話題：傻氣過了頭，小心倒大楣。
第三類話題：意氣能屈能伸，膽子可大可小。
第四類話題：智慧沒有開關，隨時都該啟用。
職場人關心的話題好多好多，最重要的是，你得試著培養處世的高智慧，試著將每一個危機都化為轉機，每一次壓力都轉為助力。

放下包袱，輕裝上路

成長階梯系列 52

懂得適可而止，是一種智慧。

人的生命很短暫，幾十年一過，人在天堂，錢在銀行。

計較，是人性的缺點，它讓我們失去太多寶貴的東西。

成功不是一個完成式，而是進行式。它不是一個絕對值，而是相對值。放棄很難，但有時放棄是必須的。因為，放棄是為了更好地得到。該得的，不要錯過；該失的，灑脫地放棄。

快樂、平安再知足

成長階梯系列 53

心有多大，世界就有多大。如果不能打碎心中的牆，你的翅膀就舒展不開，即使給你一片大海，你也找不到自由的感覺。

沒有不快樂的人生，只有一顆不肯快樂的心靈。正是因為很多樂觀的人都善於控制自己的情緒，樂觀面對困境，才沒有被困難壓倒，用「心」為自己製造了一個幸福的天堂，讓自己活在快樂之中。

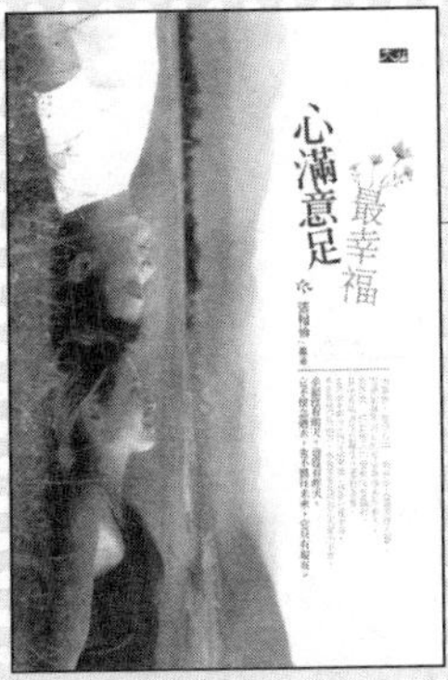

心滿意足最幸福

成長階梯系列 54

過去要幾日甚至數月才能了結的工作，現在只需輕敲鍵盤，用手機撥個電話，開車跑一趟即可完成。但腳步迅捷，心情並不輕鬆。我們只顧匆匆趕路，而忘記了生活的真正意義。

生活不是高速路上的擦肩而過，而是靜心體會它簡單無華的美。當世界靜下來的時候，放慢腳步，聆聽生活輕巧的足音，享受慢活的人生。

謝謝您購買 值得玩味的職場生存哲學 這本書！

即日起，詳細填寫本卡各欄，對折免貼郵票寄回，我們每月將抽出一百名回函讀者寄出精美禮物，並享有生日當月購書優惠！

想知道更多更即時的消息，歡迎加入"永續圖書粉絲團"

您也可以利用以下傳真或是掃描圖檔寄回本公司信箱，謝謝。

傳真電話：（02）8647-3660 信箱：yungjiuh@ms45.hinet.net

☺ 姓名： □男 □女 □單身 □已婚

☺ 生日： □非會員 □已是會員

☺ E-Mail： 電話：（ ）

☺ 地址：

☺ 學歷：□高中及以下 □專科或大學 □研究所以上 □其他

☺ 職業：□學生 □資訊 □製造 □行銷 □服務 □金融

□傳播 □公教 □軍警 □自由 □家管 □其他

☺ 您購買此書的原因：□書名 □作者 □內容 □封面 □其他

☺ 您購買此書地點： 金額：

☺ 建議改進：□內容 □封面 □版面設計 □其他

您的建議：

廣告回信
基隆郵局登記證
基隆廣字第 57 號

新北市汐止區大同路三段一九四號九樓之一

大拓文化事業有限公司收

請沿此虛線對折免貼郵票，以膠帶黏貼後寄回，謝謝！